SAS生物统计
分析应用

刘平武　周开兵　主编

化学工业出版社
·北京·

内 容 简 介

《SAS 生物统计分析应用》通过应用 SAS 电脑版和在线网页版并结合其编程分析与窗口化分析的不同模式，对生物统计学经典例题进行统计分析，剖析各种统计分析方法的 SAS 程式结构，讲解 SAS 程式的套用方法和输出结果判读技巧。重点讲解了 SAS 软件在绘图、描述性统计、方差分析、一元线性回归与相关分析、多元线性回归与相关分析、非线性回归分析、典型性相关分析、聚类与判别分析、主成分分析和因子分析等过程中的应用。

《SAS 生物统计分析应用》深入浅出、通俗易懂、详略得当、重点突出，读者只需掌握统计方法的基本数学原理就可以学会 SAS 软件的应用，具有较强的实用性。

《SAS 生物统计分析应用》除适合作为农林类研究生教材外，还可用于生物和医学类专业的生物统计课程教材，是一本适用于生命科学相关科研工作者的科研工具书。

图书在版编目（CIP）数据

SAS 生物统计分析应用 / 刘平武，周开兵主编. ——
北京：化学工业出版社，2024.3
ISBN 978-7-122-44580-3

Ⅰ. ①S… Ⅱ. ①刘… ②周… Ⅲ. ①生物统计－统计
分析－应用软件－教材 Ⅳ. ①Q−332

中国国家版本馆 CIP 数据核字（2023）第 243661 号

责任编辑：李建丽 尉迟梦迪 赵玉清

责任校对：宋 玮   装帧设计：张 辉

出版发行：化学工业出版社（北京市东城区青年湖南街 13 号 邮政编码 100011）
印 　 装：大厂聚鑫印刷有限责任公司
710mm×1000mm 1/16 印张 14¼ 字数 245 千字 2024 年 3 月北京第 1 版第 1 次印刷

购书咨询：010-64518888   售后服务：010-64518899
网 　 址：http://www.cip.com.cn
凡购买本书，如有缺损质量问题，本社销售中心负责调换。

定 价：59.00 元

前言

SAS 系统是世界上较为权威的信息系统之一，集成应用数据存取、管理、分析和显示等技术，数据信息处理功能完备。SAS 统计分析软件应用便捷灵活、功能全面，数据处理和统计分析一体化，编程语言简单易学，已经广泛应用于与生命科学有关的自然科学科研领域，也拓展到经济学和社会科学等研究领域。

本书注重实用性，以代表性科研数据案例为基础，选用合理的程式，基于离线版、网络版和窗口化版讲解编程和数据研判技巧，从而更好地指导科研实践，巩固和理解课堂理论教学知识，将理论和实践相结合，提高学生分析和解决实际科研问题的能力。

本书关注于常见科研统计分析方法的 SAS 编程和输出结果的判读等方法，与研究生高级数理统计学课程的理论教学相配合，适用于同步上机实训；根据不同层次的科研人员所取得的数据特点，本书也可以在科研活动中直接指导数据分析活动。

本书内容较为全面，适合研究生教学和科研人员科研应用，此外，与本科生生物统计学课程内容相契合的数据统计分析方法，这部分内容也适合本科生选用，因此，本教材也可以用作本科生生物统计课程上机实训教材。

本书由海南大学 2021 年度研究生精品课程建设项目资助出版；在编写过程中，陈银华参与了第七章的编写，李赟参与了第八章的编写，海南大学研究生院廖双泉院长给予了指导和支持，也得到化学工业出版社的帮助，在此谨致谢忱！

由于编者水平所限，本书不足之处，敬请读者和同行提出宝贵指导意见，联系邮箱为 zkb@hainanu.edu.cn。

刘平武　　周开兵

目录

第四章　卡方分布测验

第五章　方差分析

第六章　回归与相关分析

第七章　其他主要多元统计分析方法

第八章　SAS 窗口化数据分析

第一章

SAS 程式构成与运行

科研数据必须经过科学合理的统计分析，才能得到可靠的、正确的结果，从而凝练出正确的结论。然而，随着科研试验设计方法不断改良，数据中蕴含的科技信息日益增加，需要对数据作较为复杂的管理和统计分析，工作量繁杂，人们不可能基于曾经的手工、借助于算盘和电子计算器的运算方法来完成当前科研数据处理任务，催生出依托电脑和网络的诸多现代高级统计分析方法，快速、便捷和准确地统计分析数据而获得大量全面、系统的科技信息，从而高效解决科技问题。

当前的统计分析软件比较多，其中，较具影响力和呈全面推广趋势的是 SAS（Statistical Analysis System）软件。SAS 软件具备以下优势：

1. 数据管理功能强，几乎可以采用任何可能的方式处理数据，包含结构化查询语言（SQL）过程且可以对 SAS 数据集作数据查询。

2. 统计分析方法齐全，包含当前几乎所有的数据最新分析方法，如回归分析、Logistic 回归分析、相关性分析、方差分析、因子分析和聚类分析等一元和多元统计分析方法，可以满足科研上对数据处理的各种统计分析需求。

3. 应用操作简便和灵活，先产生一个通用的数据集（data），然后可以采用各种需要的统计分析过程来完成各种数据统计分析，编程语言简短，对英语水平和统计学理论知识要求不高，不要求深入理解编程语言和统计学原理，按步骤操作就能得到正确的数据统计分析结果，还能形成各种精美的报表。

4. 通用性强，适用于高校、科研机构和大企业。

第一节　SAS程式的基本结构

SAS 程式的基本结构分为数据步（data）和过程步（proc）。数据步包括数据集定名语句、数据输入和输出语句、数据表（cards;/数据/;）。过程步包含过程语句和输出项语句，研究生阶段需要了解和掌握的主要过程语句有 means/plot/gplot/univariate/anova/glm/reg/corr/cluster/discrim/princomp/factor/cancorr 等。

第二节　SAS 软件网络版的在线注册与运行

2021 年 8 月 2 日起，SAS 公司提供了网上在线面向教师和学生的云端 SAS 软件 "SAS OnDemand for Academics"，使用该软件需要用邮箱注册一个账号。首先在浏览器中输入网址 https://welcome.oda.sas.com/login，点击 "Sign In" 并选择 "Don't have a SAS Profile?" 填写个人信息后创建个人账户，然后在填写的邮箱中查收邮件进行验证，成功注册后即可再次访问上述网页登录 SAS。切记半年之内务必至少登录一次账号，否则账号会被系统回收。

点击右上角 Sign In 登录成功后会在右上角显示你注册的用户名，点击 SAS® Studio 图标即可进入 SAS Studio 的主页面编写 SAS 程式（注意 SAS 公司可能不定期变更网页登录版面，请自行熟悉）。网页版 SAS 运行等图标与软件版基本相同，将鼠标光标移动到图标上保持不动即可弹出该图标的功能说明，在此不再赘述。如图 1-1 所示。

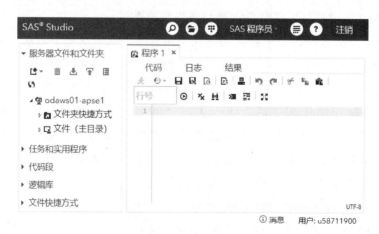

图 1-1　SAS Studio 界面

第三节　利用 Python 操作 SAS 运行

SASpy 模块的开发使得 Python 与 SAS 之间的连接成为可能，熟悉 Python 编程的人员可以利用 SASpy 模块轻松操作 SAS，将两者的强大功能结合在一起。SASpy 模块使 SAS 成为 Python 数据分析的分析引擎或"计算器"，接受 Python 命令并将其转换为 SAS 语言语句的代码翻译器。运行语句后将结果返回给 Python。即便不熟悉 Python 编程的人员也可以使用 sas.submit()方法，将所有 SAS 代码都放入 sas.submit()中，从而提交 Python 运行。SASpy 模块具有以下特点：

1. 需要 Python3.X 及以上，SAS9.4 及以上以及 Java 环境；

2. 可以调用本地 SAS 及远程服务器上的 SAS 进程；

3. 可以在 Python 和 SAS 之间传递数据。即 Pandas 数据框与 SAS 数据集可相互转换；

4. 在 SAS 数据集上可以使用一些 Pandas 方法；

5. 可以调用 SAS 的统计 stat、质量控制 qc、预测 ets 及机器学习 EM 等模块。

如图 1-2 所示，在命令模式下输入 pip install saspy 即可下载安装 SASpy 模块，修改 sascfg_personal.py 文件链接本地 SAS 库，安装 Java 并配置好环境变量，最后添加 sspiauth.dll 文件所在路径到环境变量路径后即可使用。

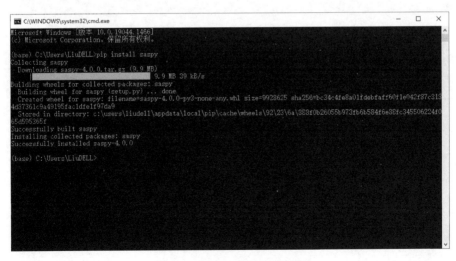

图 1-2　SASpy 模块安装界面

思 考 题

1. SAS 软件应用于数据统计分析有哪些优势？
2. 现代农业科研中，为什么数据处理必须要应用 SAS 软件？

第二章

描述性统计

描述性统计是指运用制表、分类、图形以及计算概括性数据来描述数据特征的各项活动，其目的是对调查总体所有变量的有关数据进行统计性描述，常见统计量如数据的频数分析、集中趋势分析、离散程度分析、分布以及一些基本的统计图形。

因此，本章通过举例，需要学习如下统计量计算的 SAS 程式。

① 应用 SAS 软件绘制散点图、连线图和二者混合图，必须掌握 plot 和 gplot 过程的程式编写要求，熟练编辑图形输出格式，正确阅读程式运行后输出的结果。

② 数据的集中趋势分析，即各种平均值的计算或确定，必须掌握 means 过程的程式编写和应用要求，正确阅读程式运行后输出的结果。

③ 数据的离散程度分析，即方差和标准差的计算，必须掌握 means 过程的程式编写和应用要求，正确阅读程式运行后输出的结果。

④ 数据的分布，主要是数据的正态性检验，必须掌握 univariate 过程的程式编写和应用要求，正确阅读程式运行后输出的结果。

第一节　绘图

一、散点图绘制

例 2-1：绘制 $y=x^2$ 的散点图。

SAS 程序如下：

```
data ex; do a=1 to 5; input x @@;
```

```
y=x*x;output;end;
cards;
0 1 1.5 2 3
;
proc plot hpercent=80 0 vpercent=50 0 Vtoh=7;
plot y*x='*'/vaxis=0 to 10 by 1;
run;
```

说明：

① 在 proc plot 后，hpercent 和 vpercent 分别控制图形输出的宽度和高度，图形占页面的宽度和高度百分比在等号后给定，空格后的数字说明页面中图形个数，0 表示输出一个图。在 plot 表达式后，vaxis/haxis=数值，规定纵横轴刻度，to 前数值为起始刻度值，to 后数值为最大刻度值，by 后为刻度单位数值；Vtoh=数值，规定纵横轴比例。

② 数据步中，表达式 y=x*x 可用所考察问题的表达式替代，数据表的自变量数据用所考察问题的数据加以替代；过程步中表示点的符号可以自定义；修改后则可输出所考察问题的散点图。

③ 程式语句的基本格式不宜随意变动，编写程序时务必注意。

运行主要结果如图 2-1 所示。

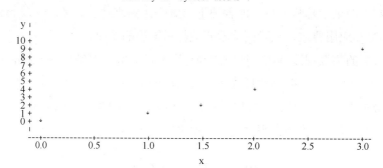

图 2-1　例 2-1 绘制散点图程式运行结果界面

例 2-2：在同一坐标系中绘制 $y=x^2$ 和 $y=2x$ 的散点图。

SAS 程式如下：

```
data ex; do a=1 to 5; input x @@;
y=x*x;z=2*x;output;end;
```

```
cards;

0 1 1.5 2 3

;

proc plot hpercent=80 0 vpercent=50 0 Vtoh=7;

plot y*x='*' z*x='#'/overlay vaxis=0 to 10 by 1;

run;
```

说明：

在 plot 表达式后，"/overlay"说明图形叠放；其他同上述。

运行主要结果如图 2-2 所示。

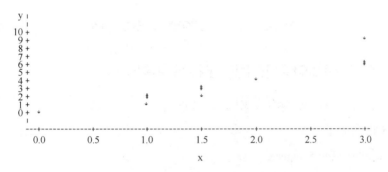

图 2-2　例 2-2 多图重叠程式运行结果页面

二、连线图绘制

例 2-3：绘制 $y=x^2$ 的连线图。

SAS 程式如下：

```
data ex; do a=1 to 5; input x @@;

y=x*x;output;end;

cards;

0 1 1.5 2 3

;

symbol v=star i=spline;

proc gplot;

plot y*x;

run;
```

说明：

有关规定同上。运行主要结果如图 2-3 所示。

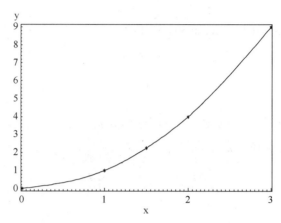

图 2-3　例 2-3 连线图程式运行结果页面

三、散点图和连线图在同一坐标系中输出

例 2-4：在同一坐标系中求作 $y=x^2$ 散点图和 $y=2x$ 连线图。

SAS 程式如下：

```
data ex; do a=1 to 5; input x @@;
y=x*x;z=2*x;output;end;
cards;
0 1 1.5 2 3
;
proc plot hpercent=80 0 vpercent=50 0;
symbol v=star i=spline;
proc gplot;
plot y*x='*' z*x /overlay vaxis=0 to 10 by 1;
run;
```

说明：上述两个过程组合在过程步即可，其他规定同上。

运行主要结果如图 2-4 所示。

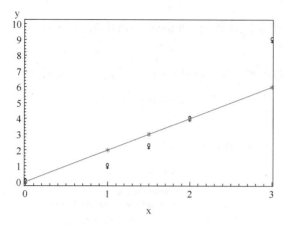

图 2-4　例 2-4 散点图和连线图在同一坐标系中输出的结果页面

第二节　基本统计分析

一、应用 means 过程计算变数的基本统计量

例 2-5：分别算出以下两个玉米品种的 10 个果穗长度（cm）的标准差及变异系数。

品种一（BS24）：19，21，20，20，18，19，22，21，21，19。

品种二（金皇后）：16，21，24，15，26，18，20，19，22，19。

SAS 程式如下：

```
data ex; do a=1 to 2; do b=1 to 10;
input x @@; output; end;end;
cards;
19 21 20 20 18 19 22 21 21 19
16 21 24 15 26 18 20 19 22 19
;
proc means maxdec=3;
var x; class a;
proc means mean sum var std cv maxdec=2;
var x;class a;
run;
```

说明：

① 在 proc means 后可以跟选择项 vardef=数值，规定求标准差的除数，否则默认为 n-1；maxdec=数值，规定结果输出小数位数。

② 一般默认输出统计量为：n/mean/std/min/max，可以自定义输出 18 个统计量中的任何统计量。

③ a 表示资料组数，b 表示每组资料个数，在套用程式注意灵活变通。若只有 1 组资料，则没有 a，相应地去掉数据步关于 a 的读数循环和过程步中对 a 分组说明语句"class a"。

网页版运行主要结果如图 2-5 所示。

The MEANS Procedure

Analysis Variable : x						
a	N Obs	N	Mean	Std Dev	Minimum	Maximum
1	10	10	20.000	1.247	18.000	22.000
2	10	10	20.000	3.399	15.000	26.000

The MEANS Procedure

Analysis Variable : x						
a	N Obs	Mean	Sum	Variance	Std Dev	Coeff of Variation
1	10	20.00	200.00	1.56	1.25	6.24
2	10	20.00	200.00	11.56	3.40	17.00

图 2-5　例 2-5 应用 means 过程输出的主要结果页面

二、应用 univariate 过程测验变数的正态分布适合程度

例 2-6：调查 140 行水稻产量（g）如程式数据表中数据，测验其是否符合正态分布。

SAS 程式如下：

data zkb;input x @@;

cards;

177 215 197 97 123 159 245 119 119 131 149 152 167 104

161 214 125 175 219 118 192 176 175 95 136 199 116 165

214 95 158 83 137 80 138 151 187 126 196 134 206 137

98 97 129 143 179 174 159 165 136 108 101 141 148 168

163 176 102 194 145 173 75 130 149 150 161 155 111 158

131 189 91 142 140 154 152 163 123 205 149 155 131 209

183 97 119 181 149 187 131 215 111 186 118 150 155 197

116 254 239 160 172 179 151 198 124 179 135 184 168 169

173 181 188 211 197 175 122 151 171 166 175 143 190 213

192 231 163 159 158 159 177 147 194 227 141 169 124 159

;

proc univariate normal plot; var x;

run;

说明：

① 套用程序只需修改数据即可，依据变数情况，数据步语句和过程步 var 选项后的变量名可作调整，可同时检测多个变数是否符合正态分布。

② 过程步 var 后跟变数名，指明正态性测验的具体变数。

③ 本程式无效假说为变数适合正态分布，样本容量小于 2000 时结果中主要看 W 值是否接近 1 及其概率大小，若接近 1 且概率大于 0.05，则变数适合正态分布，否则抛弃。样本容量大于 2000 则阅读 D 值及其概率，原则同 W。

④ 输出结果茎叶图、盒形图和正态概率分布图表征变数与理论正态分布适合的程度。正态概率分布图中"+"表示理论概率点，"*"表示实际概率点，若二图案重合的点越多，则说明越接近理论正态分布。

⑤ 本过程具备 means 过程所有功能，选择 freq 后还能产生次数分布表。

网页版运行结果内容丰富，但需要重点关注的运行结果界面如图 2-6 所示。

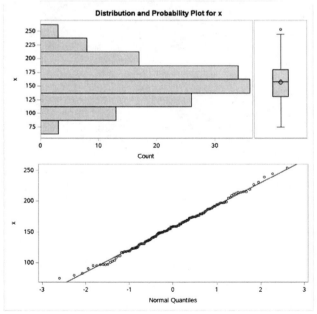

Tests for Normality				
Test		Statistic	p Value	
Shapiro-Wilk	W	0.99477	Pr < W	0.8953
Kolmogorov-Smirnov	D	0.036073	Pr > D	>0.1500
Cramer-von Mises	W-Sq	0.016666	Pr > W-Sq	>0.2500
Anderson-Darling	A-Sq	0.134831	Pr > A-Sq	>0.2500

图 2-6　例 2-6 univariate 过程需要重点关注的运行结果界面

思 考 题

1. 在同一坐标系中绘制散点图：x=0～360°，y=sin（3.14159x/180）和 y=（2x/180）−2 的散点图。

2. 在同一坐标系中绘制：x=0～360°，y=sin（3.14159x/180）和 y=（2x/180）−2 的散点图、连线图和散点图+连线图。

3. 应用 SAS 程式求以下数据资料的平均数、方差、标准差和变异系数。10 株小麦的分蘖数为：3，6，2，5，3，3，4，3，4，3。

4. 每局乒乓球接发球训练时，教练连续发球 100 次，队员每接球成功 1 次则得 1 分，现某队员训练 40 局，试问其训练成绩是否符合正态分布。成绩如下：54，71，75，65，72，63，66，69，64，76，74，93，58，71，78，74，72，76，77，82，88，55，84，83，77，76，75，88，68，67，71，82，86，72，53，75，79，81，62，96。

第三章

单个或两个样本数据
差异显著性分析（t检验）

单个或两个样本的变数差异显著性检验是基于计算无效假设成立的概率而展开分析，若无效假设成立的概率低于 0.05 则差异显著，即需要拒绝无效假设而接受备择假设，其中该概率低于 0.01 时则极显著，该概率不低于 0.05 时则差异不显著，即需要接受无效假设。

当样本所在总体方差已知，或总体方差未知而样本容量不低于 30，则可以作标准正态分布测验（u-test）；反之，总体方差未知且样本为小样本，即样本容量低于 30，则需要 t 检验（t-test）。科研中所遇到的总体常未知其方差，且一般取小样本开展试验，因此，t 检验是常见的单样本和两个样本数据差异显著性检验的方法。

本章重点介绍单样本数据、方差相同的成组均衡和不均衡数据、成对比较数据的 t 检验分析的 SAS 程式应用方法，并学习方差不同的成组均衡和不均衡数据的近似 t 检验分析的 SAS 程式应用方法。

第一节 单个样本平均数为常数的测验程式

例 3-1：某春小麦良种的千粒重 $\mu_0=34g$，现引入一高产品种，在 8 个小区种植，其千粒重（g）为：35.6，37.6，33.4，35.1，32.7，36.8，35.9，34.6，问新引入品种千粒重与当地良种有无显著差异。

SAS 程式如下：

```
data zkb; input x @@;y=x-34;
cards;
35.6 37.6 33.4 35.1 32.7 36.8 35.9 34.6
var;
proc means mean std;var x;
proc means mean std t prt;var y;
run;
```

说明：倒数第四句 var；可以省略。套用程式只需修改 y=x−34 中的 34 和数据表。

网页版运行主要结果如图 3-1 所示。

The MEANS Procedure

Analysis Variable : x	
Mean	Std Dev
35.2125000	1.6400675

The MEANS Procedure

Analysis Variable : y			
Mean	Std Dev	t Value	Pr > |t|
1.2125000	1.6400675	2.09	0.0749

图 3-1　例 3-1 单个样本 t 检验程式运行主要结果

第二节　两个样本成组数据的比较分析程式

一、两组均衡

例 3-2：调查某农场每亩❶30 万苗和 35 万苗的稻田各 5 块，得产量（kg/亩）如下：

30 万苗：400，420，435，460，425；

35 万苗：450，440，445，445，420。

试测验两种密度的产量差异显著性。

SAS 程式如下：

---

❶ 1 亩≈667 平方米。

```
data zkb; do a=1 to 2; do b=1 to 5;
input x @@;output;end;end;
cards;
400 420 435 460 425
450 440 445 445 420
;
proc ttest;class a;
run;
```

说明：a 为处理水平数，只能为 2；b 为处理水平的观测值个数。套用时修改 b 值和数据表即可。网页版运行结果界面内容庞杂，但需要关注的主要结果界面如图 3-2 所示。

Variable: x

a	Method	N	Mean	Std Dev	Std Err	Minimum	Maximum
1		5	428.0	21.9659	9.8234	400.0	460.0
2		5	440.0	11.7260	5.2440	420.0	450.0
Diff (1-2)	Pooled		-12.0000	17.6068	11.1355		
Diff (1-2)	Satterthwaite		-12.0000		11.1355		

Method	Variances	DF	t Value	Pr > |t|
Pooled	Equal	8	-1.08	0.3126
Satterthwaite	Unequal	6.1086	-1.08	0.3219

a	Method	Mean	95% CL Mean		Std Dev	95% CL Std Dev	
1		428.0	400.7	455.3	21.9659	13.1605	63.1202
2		440.0	425.4	454.6	11.7260	7.0255	33.6954
Diff (1-2)	Pooled	-12.0000	-37.6786	13.6786	17.6068	11.8926	33.7306
Diff (1-2)	Satterthwaite	-12.0000	-39.1307	15.1307			

Equality of Variances				
Method	Num DF	Den DF	F Value	Pr > F
Folded F	4	4	3.51	0.2515

图 3-2 两组均衡样本 t 检验程式运行结果页面

二、两组不均衡

例 3-3：研究矮壮素使玉米矮化的效果，在抽穗期测定喷矮壮素小区 8 株、对照区玉米 9 株，其株高(cm)结果如下。

喷矮壮素：160，160，200，160，200，170，150，210。

对照：170，270，180，250，270，290，270，230，170。

测验株高差异显著性。

SAS 程式如下：

```
data zkb; do a=1 to 2;input n @@;
do b=1 to n; input x @@;output;end;end;drop b n;
cards;
8 160 160 200 160 200 170 150 210
9 170 270 180 250 270 290 270 230 170
;
```

```
proc ttest;class a;
run;
```

说明：n 为各处理观测值个数，数据表中必须先对其赋值。套用程序只需修改数据表即可。网页版运行的主要结果界面如图 3-3 所示。

The TTEST Procedure

Variable: x

a	Method	N	Mean	Std Dev	Std Err	Minimum	Maximum
1		8	176.3	23.2609	8.2240	150.0	210.0
2		9	233.3	47.9583	15.9861	170.0	290.0
Diff (1-2)	Pooled		-57.0833	38.4599	18.6682		
Diff (1-2)	Satterthwaite		-57.0833		17.9775		

Method	Variances	DF	t Value	Pr > |t|
Pooled	Equal	15	-3.05	0.0080
Satterthwaite	Unequal	11.847	-3.18	0.0081

a	Method	Mean	95% CL Mean		Std Dev	95% CL Std Dev	
1		176.3	156.8	195.7	23.2609	15.3795	47.3423
2		233.3	196.5	270.2	47.9583	32.3938	91.8771
Diff (1-2)	Pooled	-57.0833	-96.9162	-17.2504	38.4599	28.4105	59.5241
Diff (1-2)	Satterthwaite	-57.0833	-96.3092	-17.8574			

Equality of Variances				
Method	Num DF	Den DF	F Value	Pr > F
Folded F	8	7	4.25	0.0721

图 3-3　两组不均衡样本 t 检验程式运行结果页面

第三节　成对数据的比较分析程式

例 3-4：选各方面均一致两株番茄为 1 组，共 7 组，每组中 1 株接种病毒 A，另一株接种病毒 B，以研究不同处理方法的钝化病毒效果。表 3-1 为病痕数观测值，试作差异显著性分析。

表3-1　两组病痕数观测值

组别	A	B
1	10	25
2	13	12
3	8	14
4	3	15
5	5	12
6	20	27
7	6	18

SAS 程式如下：

```
data zkb; input x y @@;d=x-y;
cards;
```

10 25 13 12 8 14 3 15 5 12 20 27 6 18

;

proc means mean std;var x y;

proc means mean std t prt;var d;

run;

说明：套用程式只需修改数据表，数据为成对输入。

网页版运行主要结果如图3-4所示。

The MEANS Procedure

Variable	Mean	Std Dev
x	9.2857143	5.7652489
y	17.5714286	6.1334369

The MEANS Procedure

Analysis Variable : d			
Mean	Std Dev	t Value	Pr > |t|
-8.2857143	5.2824958	-4.15	0.0060

图3-4 成对数据 t 检验程式运行结果界面

思 考 题

1. 应用 SAS 程式分析：对桃含氮量测定 10 次，得结果(%)为：2.38，2.38，2.41，2.50，2.47，2.41，2.38，2.26，2.32，2.41。试测验 H_0：μ=H_0：2.50=250。

2. 应用 SAS 程式分析：选面积为 33.333 ㎡的玉米小区 10 个，各分为两半，作成对比较试验一半去雄，另一半不去雄，得产量（0.5kg）为如下。

去雄：28，30，31，35，30，34，30，28，34，32。

未去雄：25，28，29，29，31，25，28，27，32，27。

测验两处理水平的产量差异显著性。

3. 将上一道习题去雄处理去掉 2 个观测值，再作差异显著性分析。

第四章

卡方分布测验

　　卡方分布用于分析多个样本所在总体方差同质性、模型适合性、两个因素独立性（相关性）等检验，在科研数据分析中经常应用。

　　两个样本所在总体方差同质性检验虽然可以采用卡方分布检验，但 F 检验更简便，因此，此时常用 F 检验。但是，3 个以上样本所在总体方差同质性检验以卡方分布检验最为合适，本章需要掌握多个样本所在总体方差同质性检验的 SAS 程式应用。

　　模型适合性检验在农业科研中常见于生物性状遗传模型的适合性分析，需要基于杂交、自交、回交（测交）等多个世代表现型数据分别开展适合性检验，相互印证才能最后确定某性状的遗传模型。在各种正态性检验中也会通过卡方分布检验来检验适合性，如农作物数量性状的变异、学生考试成绩是否符合正态分布等问题，与前面 univariate 过程异曲同工，可以依据实际情况，就简选用。因此，本章需要掌握应用卡方分布分析模型适合性的 SAS 程式应用。

　　卡方分布用于分析两个因素的独立性（相关性）定性分析是农业科研中较常见的第三种应用，也需要掌握应用卡方分布分析两个因素的独立性（相关性）的 SAS 程式应用。

　　由于卡方分布具有加和性，在农业科研中常见需要对不同时间、空间的相同试验结果作联合分析，则数据整合后，分别采用上述程式解决需要联合分析的方差同质性、模型适合性和双因素独立性（相关性）等问题。

第一节　方差同质性检验

　　例 4-1：5 个小麦品种株高观测值如 SAS 程式数据表，分析 5 个品种的方差同质性。

SAS 程式如下：

```
data zkb;do a=1 to 5; do b=1 to 5;
input x @@;output;end;end;
cards;
64.6 65.3 64.8 66.0 65.8
64.5 65.3 64.6 63.7 63.9
67.8 66.3 67.1 66.8 68.5
71.8 72.1 70.0 69.1 71.0
69.2 68.2 69.8 68.3 67.5
;
proc glm; class a;
model x=a; means a/hovtest=bartlett;
run;
```

说明：a 表示不同样本数或不同处理水平数，b 表示样本容量或不同重复数。数据表结构为 a 行 b 列。套用程式时只需将数据步中 a、b 值修改成实际问题中 a、b 数值和数据即可。过程步不用修改。结果中重点关注卡方值及其显著性概率，若概率值不足 0.05 则方差不同质，反之则同质。

网页版卡方检测程式运行结果内容较多，但重点内容如图 4-1 所示。

GLM 过程

因变量：x

源	自由度	平方和	均方	F 值	Pr > F
模型	4	131.7400000	32.9350000	42.28	<.0001
误差	20	15.5800000	0.7790000		
校正合计	24	147.3200000			

R 方	变异系数	均方根误差	x 均值
0.894244	1.311846	0.882610	67.28000

源	自由度	I 型 SS	均方	F 值	Pr > F
a	4	131.7400000	32.9350000	42.28	<.0001

源	自由度	III 型 SS	均方	F 值	Pr > F
a	4	131.7400000	32.9350000	42.28	<.0001

GLM 过程

"x"的 Bartlett 方差齐性检验

源	自由度	卡方	Pr > 卡方
a	4	2.5923	0.6282

"a"的水平	数目	x 均值	标准差
1	5	65.3000000	0.60827625
2	5	64.4000000	0.63245553
3	5	67.3000000	0.86313383
4	5	70.8000000	1.25099960
5	5	68.6000000	0.90277350

图 4-1　方差同质性的卡方检验程式运行的重点结果界面

第二节 适合性检验

例 4-2：某水稻品种红色非糯性、红色糯性、白色非糯性、白色糯性等籽粒分别为 500、172、190、55 粒，试问这四种表现型分离比是否符合 9∶3∶3∶1？

SAS 程式如下：

```
data zkb; input M$ x @@;
cards;
A 500 B 172 C 190 D 55
;
run;
proc freq data=zkb;
weight x; tables x/testF=(515.8125 171.9375 171.9375 57.3125);
run;
```

说明：数据步中注意存在字符串变量，字符串变量和数值型变量同时对应录入，字符串是事件的代替符号，数值是次数，套用程式时注意对应按照实际问题替换。语句 testF=（理论次数数值）的可以换成 testP=（理论频率值），本例可以将 testF=（515.8125 171.9375 171.9375 57.3125）换成 testP=（0.5625 0.1875 0.1875 0.0625），即按照 9∶3∶3∶1 分配的理论次数换成理论频率，统计分析结果中卡方值及其概率值是一样的，可以试试看。结果中关键是卡方值及其对应概率值，若概率值不足 0.05，则适合，否则不适合。

网页版卡方检测程式运行结果中重点内容如图 4-2 所示。

FREQ 过程

x	频数	检验频数	百分比	累积频数	累积百分比
55	55	515.8125	6.00	55	6.00
172	172	171.9375	18.76	227	24.75
190	190	171.9375	20.72	417	45.47
500	500	57.3125	54.53	917	100.00

指定频数的卡方检验

卡方	3832.9372
自由度	3
Pr > 卡方	<.0001

图 4-2 适合性卡方检验程式运行结果界面

第三节 独立性检验

例 4-3：表 4-1 为不同灌溉方式下水稻叶片衰老情况的调查资料，试测验稻叶衰老情况与灌溉方式是否有关。

表4-1　灌溉方式与不同状态叶片数的观测值

灌溉方式	绿叶数	黄叶数	枯叶数
深水	146	7	7
浅水	183	9	13
湿润	152	14	16

SAS 程式如下：

```
data zkb; do a=1 to 3;do b=1 to 3;
input x @@;output;end;end;
cards;
146 7 7
183 9 13
152 14 16
;
proc freq;weight x;
tables a*b/chisq;run;
```

说明：a、b 分别为两因素的处理水平数。套用程式时注意修改 a、b 值和数据表。输出结果主要是两因素相依表（列联表）和卡方统计结果，其中应关注卡方值及其概率，若概率值不足 0.05（0.01），则差异显著（极显著），次数变量彼此独立，超过 0.05 则相关（非独立）。

网页版运行主要结果如图4-3所示。

The FREQ Procedure

Frequency Percent Row Pct Col Pct		b			
a		1	2	3	Total
1	146	7	7	160
	26.69	1.28	1.28	29.25
	91.25	4.38	4.38	
	30.35	23.33	19.44	
2	183	9	13	205
	33.46	1.65	2.38	37.48
	89.27	4.39	6.34	
	38.05	30.00	36.11	
3	152	14	16	182
	27.79	2.56	2.93	33.27
	83.52	7.69	8.79	
	31.60	46.67	44.44	
Total	481	30	36	547
	87.93	5.48	6.58	100.00

Statistics for Table of a by b

Statistic	DF	Value	Prob
Chi-Square	4	5.6216	0.2292
Likelihood Ratio Chi-Square	4	5.5347	0.2367
Mantel-Haenszel Chi-Square	1	4.5103	0.0337
Phi Coefficient		0.1014	
Contingency Coefficient		0.1009	
Cramer's V		0.0717	

Sample Size = 547

图4-3　两个次数变量独立性的卡方检验程式运行的重要结果界面

思 考 题

1. 6个不同浓度的磷酸二氢钾施用量下，妃子笑荔枝果实可溶性糖含量如下：

16.7 16.4 16.2 16.5；

16.3 16.2 16.6 16.4；

16.4 16.6 16.3 16.6；

16.5 16.4 16.7 16.3；

17.2 17.4 17.3 17.2；

16.5 16.7 16.8 16.6。

试分析6个不同磷酸二氢钾浓度施肥量下的妃子笑荔枝果实可溶性糖含量方差是否同质。

2. 豌豆黄色圆粒、黄色皱粒、绿色圆粒和绿色皱粒分别为315、101、108和32粒，试检验豌豆籽粒表皮颜色和表面特征两对相对性状遗传是否遵从9∶3∶3∶1分离比。

3. 某杂交组合的F_3共有810系，在温室内鉴别各系幼苗对某病害的反应，并在田间鉴别植株对此病害的反应，结果如表4-2所示。试测验两种反应是否相关。

表4-2 田间和温室不同病害反应的观测株系数量

田间反应	温室幼苗反应		
	抗病	分离	感染
抗病	142	51	3
分离	13	404	2
感染	2	17	176

第五章

>>>>>>>

方差分析

　　试验方案中常设计 2 个以上的处理水平形成处理组，外加对照组，则整个实验需要作 3 个以上数据组的多重比较，在这种情况下需要对数据作方差分析（analysis of variance，ANOVA），并且在 F 检验（F-test）保护下决定是否需要继续作多重比较分析，因此，F 检验和 F 检验保护下的多重比较分析方法是农业科研中是最常用和最常见的统计方法。

　　方差分析方法的基本思想就是将试验数据的平方和与自由度分解成变异原因已知来源的若干和剩余未知变异原因来源的部分，而后者即归属为误差部分；然后将分解得到的各平方和与其自由度分别求均方差；最后将各变异原因已知来源的均方差与误差均方差计算 F 值，进而判别差异显著性，决定是否需要继续作多重比较分析。

　　理解方差分析方法原理的关键是毫无遗漏地明确引起数据变异的各种已知变异原因来源，即引起试验数据变异各种试验处理效应。本章针对单向分组资料、双向分组资料、三因素试验完全随机排列小区和完全随机区组排列小区试验、拉丁方试验、裂区试验、条区试验和多因素正交试验等变异平方和与自由度的正确分解，讲解其各自 SAS 程式的结构和结果阅读方法，这些 SAS 程式的编写和运行结果阅读方法是必须要掌握的基本统计分析技能。

　　在下文各例题介绍各种类型试验数据分析的 SAS 程式时，各例题观测值结果汇总的表格实际上也展示了不同类型试验设计的重要技巧，这是开展多因素试验设计时的必备技能。

　　此外，还需注意仔细阅读每个例题程式后关于平均数多重比较方法及其显著性概率的自定义等相关内容。

第一节 单向分组资料的方差分析

一、完全随机排列小区试验设计

1. 均衡数据

例 5-1：做一水稻施肥的盆栽试验，设 5 个处理，A 和 B 系分别施用两种工艺流程的氨水，C 施碳酸氢铵，D 施尿素，E 不施肥。A、B、C、D 每盆施入量折合纯氮 1.2g，每处理 4 盆，共 5×4=20 盆，随机放置在网室中，产量如表 5-1 所示，试测验不同处理间差异显著性。

表 5-1　不同处理下的产量观察值

处理	观察值（g/盆）
A	24 30 28 26
B	27 24 21 26
C	31 28 25 30
D	32 33 33 28
E	21 22 16 21

SAS 程式如下：

```
data zkb; do a=1 to 5; do i=1 to 4;
input x @@;output; end;end;
cards;
24 30 28 26
27 24 21 26
31 28 25 30
32 33 33 28
21 22 16 21
;
proc anova;class a;model x=a;
means a/duncan;
run;
```

说明：

①数据步中，a 表示处理数，i 表示重复数，套用程式时作相应修改；数据表数据按照处理分别输入其重复观察值。

② 程式中过程步的 duncan 可以更换为 lsd、snk(q)等不同的多重比较方法。

③ 在多重比较方法后面跟"alpha=概率值"定义显著性水平，没有此选项则默认为 0.05。

网页版运行结果中重要结果如图 5-1 所示。

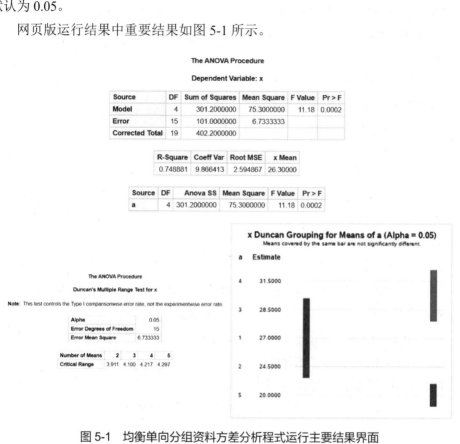

图 5-1 均衡单向分组资料方差分析程式运行主要结果界面

2. 非均衡数据

例 5-2：某病虫测报站调查 4 种不同类型的水稻田 28 块，每块田所得稻纵卷叶螟的百丛虫口密度如表 5-2 所示。问不同类型稻田虫口密度有无差异。

表 5-2　不同类型的水稻田各小区稻纵卷叶螟百丛虫口密度观测值

稻田类型	编　号							
	1	2	3	4	5	6	7	8
I	12	13	14	15	15	16	17	
II	14	10	11	13	14	11		
III	9	2	10	11	12	13	12	11
IV	12	11	10	9	8	10	12	

SAS 程式如下：

```
data zkb; do a=1 to 4;
input n @@; do i=1 to n;input x@@;
output; end;end;
cards;
7 12 13 14 15 15 16 17
6 14 10 11 13 14 11
8 9 2 10 11 12 13 12 11
7 12 11 10 9 8 10 12
;
proc glm;class a; model x=a;
means a/lsd;
run;
```

说明：

① 注意数据步赋值时，各处理观测值个数先由 n 所赋予的值加以控制，数据表中针对各处理输入观测值，观测值前必须有 n 值。

② 分析采用 glm 过程，而不是 anova 过程。

③ 其他说明同例 5-1"均衡数据"。

网页版运行主要结果如图 5-2 所示。

The GLM Procedure

Dependent Variable: x

Source	DF	Sum of Squares	Mean Square	F Value	Pr > F
Model	3	96.1309524	32.0436508	5.92	0.0036
Error	24	129.9761905	5.4156746		
Corrected Total	27	226.1071429			

R-Square	Coeff Var	Root MSE	x Mean
0.425157	19.92675	2.327160	11.67857

Source	DF	Type I SS	Mean Square	F Value	Pr > F
a	3	96.13095238	32.04365079	5.92	0.0036

Source	DF	Type III SS	Mean Square	F Value	Pr > F
a	3	96.13095238	32.04365079	5.92	0.0036

The GLM Procedure

t Tests (LSD) for x

Note: This test controls the Type I comparisonwise error rate, not the experimentwise error rate.

Alpha	0.05
Error Degrees of Freedom	24
Error Mean Square	5.415675
Critical Value of t	2.06390

Comparisons significant at the 0.05 level are indicated by ***.

a Comparison	Difference Between Means	95% Confidence Limits	
1 - 2	2.405	-0.267	5.077
1 - 4	4.286	1.718	6.853 ***
1 - 3	4.571	2.086	7.057 ***
2 - 1	-2.405	-5.077	0.267
2 - 4	1.881	-0.791	4.553
2 - 3	2.167	-0.427	4.761
4 - 1	-4.286	-6.853	-1.718 ***
4 - 2	-1.881	-4.553	0.791
4 - 3	0.286	-2.200	2.772
3 - 1	-4.571	-7.057	-2.086 ***
3 - 2	-2.167	-4.761	0.427
3 - 4	-0.286	-2.772	2.200

图 5-2　非均衡单向分组资料方差程式运行主要结果界面

二、巢式设计（组内又分亚组的单向分组资料）统计分析程序

例 5-3：在温室内以 4 种培养液培养某作物，每种 3 盆，每盆 4 株，1 个月后测定其株高生长量（mm），观测值如表 5-3 所示。试分析试验效应。

表 5-3　不同培养液下某作物生产量观测值

培养液	A			B			C			D		
盆号	1	2	3	1	2	3	1	2	3	1	2	3
生长量	50	35	45	50	55	55	85	65	70	60	60	65
	55	35	40	45	60	45	60	70	70	55	85	65
	40	30	40	50	50	65	90	80	70	35	45	85
	35	40	50	45	50	55	85	65	70	70	75	75

SAS 程式如下：

```
data zkb; do a=1 to 4; do i=1 to 3;y=0;
do j=1 to 4; input x @@; y=y+x; end;
z=y/4; output; end; end;
cards;
50 55 40 35 35 35 30 40 45 40 40 50
50 45 50 45 55 60 50 50 55 45 65 55
85 60 90 85 65 70 80 65 70 70 70 70
60 55 35 70 60 85 45 75 65 65 85 75
;
proc anova data=zkb;class a;model z=a;
means a/duncan;
run;
```

说明：

① 数据步中，a 表示处理数，i 表示亚组数，j 表示重复数，套用程序时作相应修改；数据表数据按照处理、亚组、重复 3 级分别依次集中输入观察值，注意与循环语句规定的数据排列顺序一致。

② 程序中过程步的多重比较方法和显著概率等可以作前述各种变化。

③ 本程序只能分析不同处理水平效应及其差异显著性，而忽略了亚组间差异分析，因此视作单因素试验。

网页版运行主要结果如图 5-3 所示。

The ANOVA Procedure

Dependent Variable: z

Source	DF	Sum of Squares	Mean Square	F Value	Pr > F
Model	3	1781.640625	593.880208	15.05	0.0012
Error	8	315.625000	39.453125		
Corrected Total	11	2097.265625			

R-Square	Coeff Var	Root MSE	z Mean
0.849506	10.86473	6.281172	57.81250

Source	DF	Anova SS	Mean Square	F Value	Pr > F
a	3	1781.640625	593.880208	15.05	0.0012

The ANOVA Procedure

Duncan's Multiple Range Test for z

Note: This test controls the Type I comparisonwise error rate, not the experimentwise error rate.

Alpha	0.05
Error Degrees of Freedom	8
Error Mean Square	39.45313

Number of Means	2	3	4
Critical Range	11.83	12.32	12.60

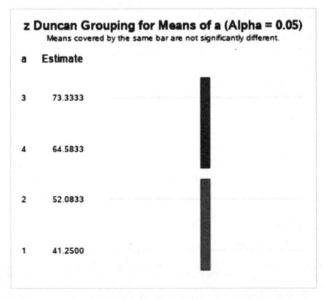

图 5-3 巢式设计（组内又分亚组的单向分组资料）统计分析程序运行主要结果页面

第二节 双向分组资料的方差分析

一、组内无重复的双向分组资料

两个因素没有交互作用或者交互作用可以忽略时，采用双因素处理组合无重复的设计。完全随机区组试验设计中把区组看作一个处理因素，则成为双向分组数据资料。SAS 分析程式如前所述，若另一因素不是区组，只需将区组用该因素取代后，则可套用完全随机区组试验设计统计分析程式进行双因素主效分析。

例 5-4：采用 5 种生长素处理豌豆，未处理为对照，待种子发芽后，分别每盆中移栽 4 株，每组 6 盆，每盆 1 个处理，试验 4 组共 24 盆，并按组排列在温室中，使同组各盆环境条件一致。当各盆见第一朵花时记录 4 株豌豆总节数，结果如表 5-4 所示，试分析试验效应差异。

表 5-4 5 种生长素处理豌豆后及未处理对照组见第一朵花时记录的 4 株豌豆总节数结果

处理（A）	组（B）			
	I	II	III	IV
未处理（CK）	60	62	61	60
赤霉素	65	65	68	65
动力精	63	61	61	60
吲哚乙酸	64	67	63	61
硫酸腺嘌呤	62	65	62	64
马来酸	61	62	62	65

SAS 程式如下：

```
data zkb; do a=1 to 6; do b=1 to 4;
input x@@;output; end;end;
cards;
60 62 61 60
65 65 68 65
63 61 61 60
64 67 63 61
62 65 62 64
61 62 62 65
;
```

proc anova;class a b; model x=a b;

means a b/lsd;

run;

网页版运行主要结果如图 5-4 所示。

The ANOVA Procedure

Dependent Variable: x

Source	DF	Sum of Squares	Mean Square	F Value	Pr > F
Model	8	71.3333333	8.9166667	3.09	0.0285
Error	15	43.2916667	2.8861111		
Corrected Total	23	114.6250000			

R-Square	Coeff Var	Root MSE	x Mean
0.622319	2.701958	1.698856	62.87500

Source	DF	Anova SS	Mean Square	F Value	Pr > F
a	5	65.87500000	13.17500000	4.56	0.0099
b	3	5.45833333	1.81944444	0.63	0.6066

The ANOVA Procedure

t Tests (LSD) for x

Note: This test controls the Type I comparisonwise error rate, not the experimentwise error rate.

Alpha	0.05
Error Degrees of Freedom	15
Error Mean Square	2.886111
Critical Value of t	2.13145
Least Significant Difference	2.5605

The ANOVA Procedure

t Tests (LSD) for x

Note: This test controls the Type I comparisonwise error rate, not the experimentwise error rate.

Alpha	0.05
Error Degrees of Freedom	15
Error Mean Square	2.886111
Critical Value of t	2.13145
Least Significant Difference	2.0906

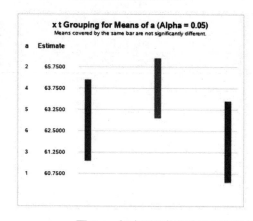

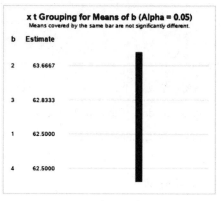

图 5-4　组内无重复双向分组资料统计分析程式运行主要结果界面

例 5-5：有一小麦品比试验，共有 A、B、C、D、E、F、G、H 8 个品种，其中 A 是对照，采用随机区组设计，重复 3 次，小区计产面积 25m²，产量如表 5-5 所示。分析品种差异。

表 5-5　小麦品比试验数据

品种	区组		
	I	II	III
A	10.9	9.1	12.2
B	10.8	12.3	14.0
C	11.1	12.5	10.5
D	9.1	10.7	10.1
E	11.8	13.9	16.8
F	10.1	10.6	11.8
G	10.0	11.5	14.1
H	9.3	10.4	14.4

SAS 程式如下：

```
data zkb; do a=1 to 8; do b=1 to 3;
input x @@;output; end;end;
cards;
10.9 9.1 12.2
10.8 12.3 14.0
11.1 12.5 10.5
9.1 10.7 10.1
11.8 13.9 16.8
10.1 10.6 11.8
10.0 11.5 14.1
9.3 10.4 14.4
;
proc anova;class a b; model x=a b;
means a b/lsd;
run;
```

说明：

① 数据步 a 为处理数，b 为区组数，区组在此处被看作为一个处理因素，套用程式时注意相应修改；数据表数据按处理分别输入，确保同一区组不同处理观测值位置对应。

② 区组效应常被忽略，因而多重比较时，过程步 means 后可能只有 a 及其多重比较方法规定；b 变量可省略。

③ 本程式适合处理组合内无重复的双向分组资料数据方差分析，套用时务必注意。

④ 其余说明同上述单因素试验设计。

网页版运行主要结果如图 5-5 所示。

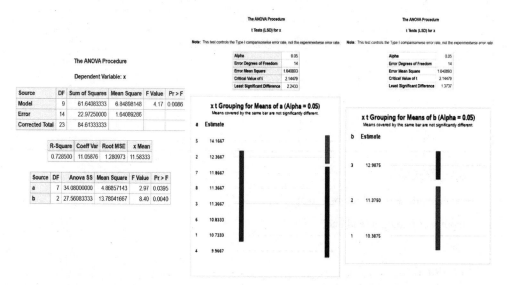

图 5-5　完全随机区组排列小区试验结果的方差分析程式运行主要结果界面

二、组内有重复的双向分组资料

例 5-6：施用 A1、A2、A3 3 种肥料于 B1、B2、B3 3 种土壤，以小麦为指示植物，每处理组合 3 盆，得产量如表 5-6 所示。作差异显著性分析。

表 5-6　3 种肥料施于 3 种土壤中每盆小麦的产量

肥料	盆号	B1	B2	B3
A1	1	21.4	19.6	17.6
	2	21.2	18.8	16.6
	3	20.1	16.4	17.5
A2	1	12.0	13.0	13.3
	2	14.2	13.7	14.0
	3	12.1	12.0	13.9
A3	1	12.8	14.2	12.0
	2	13.8	13.6	14.6
	3	13.7	13.3	14.0

SAS 程式如下：

```
data zkb; do a=1 to 3; do b=1 to 3;    do i=1 to 3;
input x @@;output; end;end; end;
cards;
21.4 21.2 20.1 19.6 18.8 16.4 17.6 16.6 17.5
12.0 14.2 12.1 13.0 13.7 12.0 13.3 14.0 13.9
12.8 13.8 13.7 14.2 13.6 13.3 12.0 14.6 14.0
;
proc anova;class a b;model x=a b a*b;
means a b/lsd;
run;
```

说明：

① 数据步 a、b、n 分别为因素 1、因素 2 处理数和处理组合重复数，套用程式时，注意依据实际情况修改。

② 数据表输入数据是按处理组合各重复的观测值依次输入。

③ 过程步 class 和 model 语句不可少，而且顺序不能颠倒，后面规定分析的对象与效应种类。

④ means 后可以依据实际需要自定义分析项目，多重比较方法选择法同前述。

⑤ 此程式为均衡数据双因素完全随机排列设计分析法，套用时注意此条件。

⑥ 本程式不能对处理组合作多重比较分析。

网页版运行后的主要结果如图 5-6 所示。

The ANOVA Procedure

Dependent Variable: x

Source	DF	Sum of Squares	Mean Square	F Value	Pr > F
Model	8	202.5829630	25.3228704	27.29	<.0001
Error	18	16.7000000	0.9277778		
Corrected Total	26	219.2829630			

R-Square	Coeff Var	Root MSE	x Mean
0.923843	6.352401	0.963212	15.16296

Source	DF	Anova SS	Mean Square	F Value	Pr > F
a	2	179.3807407	89.6903704	96.67	<.0001
b	2	3.9607407	1.9803704	2.13	0.1473
a*b	4	19.2414815	4.8103704	5.18	0.0059

图 5-6

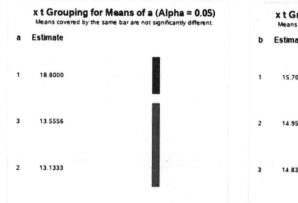

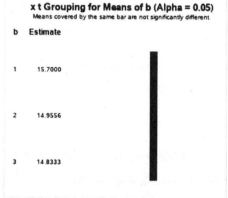

图5-6 组内有重复双向分组资料统计分析程式运行主要结果界面

第三节 其他常规试验设计方法数据的统计分析

一、拉丁方试验设计统计分析程式

例5-7：有A、B、C、D、E 5个水稻品种的比较试验，其中E为对照，用5×5拉丁方设计，其排列和产量结果见表5-7，分析品种间差异。

表5-7 5个水稻品种的产量结果

横行区组	纵行区间				
	I	II	III	IV	V
I	D37	A38	C38	B44	E38
II	B48	E40	D36	C32	A35
III	C27	B32	A32	E30	D26
IV	E28	D37	B43	A38	C41
V	A34	C30	E27	D30	B41

SAS 程式如下：

data zkb; do a=1 to 5; do b=1 to 5;

input l$ x @@;output; end;end;

```
cards;
D 37 A 38 C 38 B 44 E 38
B 48 E 40 D 36 C 32 A 35
C 27 B 32 A 32 E 30 D 26
E 28 D 37 B 43 A 38 C 41
A 34 C 30 E 27 D 30 B 41
;
proc anova;class a b l;model x=a b l;
means l/lsd;run;
```

说明：

①数据步 input 后的变量中有字符串变量 l$ 和数值变量 x，数据表必须对应成对输入；a、b 为拉丁方行、列数。套用程式时作相应修改。

② 过程步 class、model 后必须注意行、列和处理三个变量，程式对行、列、处理均作差异显著性分析；由于行、列间差异应该不显著，因此一般只对处理作多重比较分析，means 后只有 l 及其多重比较方法规定。

③ 多重比较可以作与前例相同的变化。

网页版运行关键结果如图 5-7 所示。

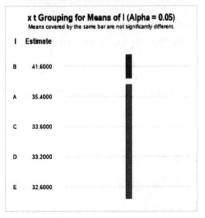

The ANOVA Procedure

t Tests (LSD) for x

Note: This test controls the Type I comparisonwise error rate, not the experimentwise error rate.

Alpha	0.05
Error Degrees of Freedom	12
Error Mean Square	15.69333
Critical Value of t	2.17881
Least Significant Difference	5.4589

The ANOVA Procedure

Dependent Variable: x

Source	DF	Sum of Squares	Mean Square	F Value	Pr > F
Model	12	626.7200000	52.2266667	3.33	0.0236
Error	12	188.3200000	15.6933333		
Corrected Total	24	815.0400000			

R-Square	Coeff Var	Root MSE	x Mean
0.768944	11.22869	3.961481	35.28000

Source	DF	Anova SS	Mean Square	F Value	Pr > F
a	4	348.6400000	87.1600000	5.55	0.0091
b	4	6.6400000	1.6600000	0.11	0.9783
l	4	271.4400000	67.8600000	4.32	0.0215

x t Grouping for Means of l (Alpha = 0.05)

Means covered by the same bar are not significantly different.

l	Estimate
B	41.6000
A	35.4000
C	33.6000
D	33.2000
E	32.6000

图 5-7　拉丁方试验设计统计分析程式运行主要结果界面

二、裂区试验设计统计分析

例 5-8：设有一小麦中耕次数 A 和施肥量 B 试验，主处理 A：A1、A2、A3（a=3）；副处理 B：B1、B2、B3、B4（b=4）。裂区设计，重复 3 次（r=3）。副区计产面积 33.3m²。排列与纪录见表 5-8 至表 5-10。试分析各处理效应。

表 5-8　裂区设计表 1

B2 37	B1 29	B3 15	B2 31	B4 13	B3 13
B3 18	B4 17	B4 16	B1 30	B1 28	B2 31
A1		A3		A2	

表 5-9　裂区设计表 2

B1 27	B3 14	B4 12	B3 13	B2 32	B3 14
B4 15	B2 28	B2 28	B1 29	B4 16	B1 28
A3		A2		A1	

表 5-10　裂区设计表 3

B4 15	B3 17	B2 31	B4 13	B1 25	B2 29
B2 31	B1 32	B1 26	B3 11	B3 10	B4 12
A1		A3		A2	

SAS 程序如下：

```
data zkb; do a=1 to 3; do b=1 to 4;
do r=1 to 3;input x @@;
output; end;end;end;
cards;
29 28 32 37 32 31 18 14 17 17 16 15
28 29 25 31 28 29 13 13 10 13 12 12
30 27 26 31 28 31 15 14 11 16 15 13
;
proc anova;class r a b ;model x=r a a*r b a*b;
means a b a*b/lsd;
run;
```

说明：

① 数据步 a、b 分别为主、副处理水平数；r 为处理重复数，数据表注意与循环语句规定变量一致，一般各处理组合的重复的观测值依次输入，套用程序时应注意。

② 过程步 class 和 model 顺序及其后面处理效应均必须且顺序均不能颠倒。

③ 其他规定同前述。

网页版运行主要结果如图 5-8 所示。

The ANOVA Procedure

Dependent Variable: x

Source	DF	Sum of Squares	Mean Square	F Value	Pr > F
Model	17	2308.833333	135.813725	52.95	<.0001
Error	18	46.166667	2.564815		
Corrected Total	35	2355.000000			

R-Square	Coeff Var	Root MSE	x Mean
0.980396	7.335132	1.601504	21.83333

Source	DF	Anova SS	Mean Square	F Value	Pr > F
r	2	32.666667	16.333333	6.37	0.0081
a	2	80.166667	40.083333	15.63	0.0001
r*a	4	9.166667	2.291667	0.89	0.4880
b	3	2179.666667	726.555556	283.28	<.0001
a*b	6	7.166667	1.194444	0.47	0.8246

The ANOVA Procedure

t Tests (LSD) for x

Note: This test controls the Type I comparisonwise error rate, not the experimentwise error rate.

Alpha	0.05
Error Degrees of Freedom	18
Error Mean Square	2.564815
Critical Value of t	2.10092
Least Significant Difference	1.3736

The ANOVA Procedure

t Tests (LSD) for x

Note: This test controls the Type I comparisonwise error rate, not the experimentwise error rate.

Alpha	0.05
Error Degrees of Freedom	18
Error Mean Square	2.564815
Critical Value of t	2.10092
Least Significant Difference	1.5861

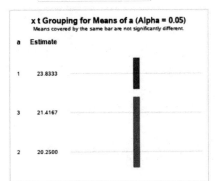

x t Grouping for Means of a (Alpha = 0.05)
Means covered by the same bar are not significantly different.

a	Estimate
1	23.8333
3	21.4167
2	20.2500

x t Grouping for Means of b (Alpha = 0.05)
Means covered by the same bar are not significantly different.

b	Estimate
2	30.8889
1	28.2222
4	14.3333
3	13.8889

Level of a	Level of b	N	x	
			Mean	Std Dev
1	1	3	29.6666667	2.08166600
1	2	3	33.3333333	3.21455025
1	3	3	16.3333333	2.08166600
1	4	3	16.0000000	1.00000000
2	1	3	27.3333333	2.08166600
2	2	3	29.3333333	1.52752523
2	3	3	12.0000000	1.73205081
2	4	3	12.3333333	0.57735027
3	1	3	27.6666667	2.08166600
3	2	3	30.0000000	1.73205081
3	3	3	13.3333333	2.08166600
3	4	3	14.6666667	1.52752523

图 5-8　裂区试验设计数据分析程式运行主要结果界面

三、条区试验设计统计分析

例 5-9：设一甘薯垄宽 A 和栽插期 B 的双因素试验，A：A1=50cm，A2=60cm，A3=70cm；B：B1=5/16，B2=6/6，B3=6/26；A、B 均为随机区组排列。排列及结果记录如表 5-11 所示。试分析处理效应差异。

表 5-11　甘薯条区试验设计

	A1	A3	A2		A2	A1	A3		A2	A1	A3
B2	376	455	480	B1	549	396	492	B2	500	347	468
B1	386	476	496	B3	533	388	482	B3	482	337	435
B3	355	433	446	B2	540	406	512	B1	513	387	476
	A2	A3	A1		A3	A1	A2		A2	A3	A1
B3	413	334	201	B1	458	366	474	B3	490	447	348
B1	469	436	298	B3	413	333	425	B2	509	473	356
B2	436	398	280	B2	434	356	465	B1	520	487	397

SAS 程式如下：

```
data zkb; do r=1 to 6; do a=1 to 3;
y=0; do b=1 to 3;input x1 @@; y=y+x1;
end; output; end; end;
cards;
386 376 355 496 480 446 476 455 433
396 406 388 549 540 533 492 512 482
387 347 337 513 500 482 476 468 435
298 280 201 469 436 413 436 398 334
366 356 333 474 465 425 458 434 413
397 356 348 520 509 490 487 473 447
;
data kbz; do s=1 to 6; do c=1 to 3;
z=0;do d=1 to 3;input x2 @@; z=z+x2;
end; output; end; end;
cards;
386 496 476 376 480 455 355 446 433
396 549 492 406 540 512 388 533 482
387 513 476 347 500 468 337 482 435
```

```
298 469 436 280 436 398 201 413 334
366 474 458 356 465 434 333 425 413
397 520 487 356 509 473 348 490 447
;
data bkz; do e=1 to 3; do    f=1 to 3;
do t=1 to 6 ;input x3 @@; output;
end;end;end;
cards;
386 396 387 298 366 397
376 406 347 280 356 356
355 388 337 201 333 348
496 549 513 469 474 520
480 540 500 436 465 509
446 533 482 413 425 490
476 492 476 436 458 487
455 512 468 398 434 473
433 482 435 334 413 447
;
proc anova data=zkb;class a r ;model y=r a;
means r a/lsd;
proc anova data=kbz;class c s ;model z=s c;
means s c/lsd;
proc anova data=bkz;class e f; model x3=e f e*f;
means e f e*f/lsd;
run;
```

说明：

① 本程式数据步和过程步各由三部分构成，分别配套分析双因素主效和交互效应。

② 数据步输入数据时，观测值数据顺序与循环语句控制务必一致。对第一部分，即先确定区组顺序，接着对各区组确定横向处理水平顺序，最后，将各横向处理水平与纵向处理水平按照顺序组合，从而得到全部处理组合小区的数据排列顺序，按照最后顺序输入到数据表。对第二部分，基本同第一部分，只是横向处理和纵向处理

对调先后顺序。第三部分数据按照处理因素 1（1 级）、处理因素 2（2 级）、区组数顺序（3 级）进行组合，形成数据表排列顺序，如 A1B1（R1～6）、A1B2（R1～6）、A1B3（R1～6）、A2B1（R1～6）、A2B2（R1～6）…A3B3（R1～6）。

③ 相同的数据资料分为三种不同顺序数据表输入，形成 3 个数据集，应分别对其给予不同的命名；在三个数据集产生过程中，无论是循环控制变量名，还是数据变量名，还是数据整理时产生的新变量名均彼此不同，务必分别给其变量重新命名。

④ 过程步中分为三个过程分析，每一个过程在 anova 后务必指明相应的数据集，即 anova 后跟 "data=数据集名"。

⑤ 结果判读时，按照三个分析部分分别判读，得出统计分析结果和结论。其中前两个部分多重比较的平均数应该求各自相应的平均数。即因素 1 的结果除以因素 2 处理水平个数求平均数；因素 2 的结果除以因素 1 处理水平个数求平均数；区组结果在两种因素的分析里均出现，应该除以相对应的另一因素水平个数求平均数。最后一个部分只有交互效应分析是有效的。

网页版运行主要结果如图 5-9 和图 5-10 所示。

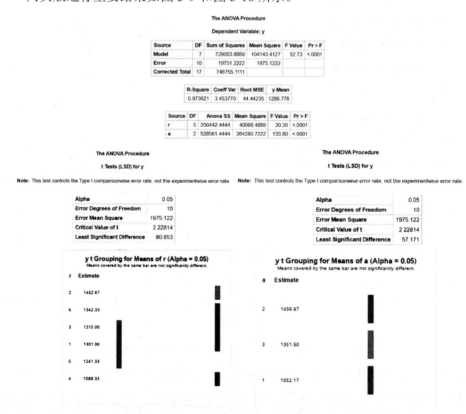

图 5-9 条区试验数据分析程式运行主要结果界面 1

The ANOVA Procedure

Dependent Variable: z

Source	DF	Sum of Squares	Mean Square	F Value	Pr > F
Model	7	252509.2222	36072.7460	26.32	<.0001
Error	10	13707.8889	1370.7889		
Corrected Total	17	266217.1111			

R-Square	Coeff Var	Root MSE	z Mean
0.948509	2.877277	37.02417	1286.778

Source	DF	Anova SS	Mean Square	F Value	Pr > F
s	5	200442.4444	40088.4889	29.24	<.0001
c	2	52066.7778	26033.3889	18.99	0.0004

The ANOVA Procedure

t Tests (LSD) for z

Note: This test controls the Type I comparisonwise error rate, not the experimentwise error rate.

Alpha	0.05
Error Degrees of Freedom	10
Error Mean Square	1370.789
Critical Value of t	2.22814
Least Significant Difference	67.357

The ANOVA Procedure

t Tests (LSD) for z

Note: This test controls the Type I comparisonwise error rate, not the experimentwise error rate.

Alpha	0.05
Error Degrees of Freedom	10
Error Mean Square	1370.789
Critical Value of t	2.22814
Least Significant Difference	47.629

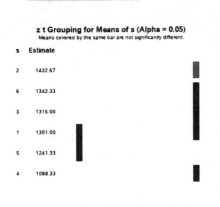

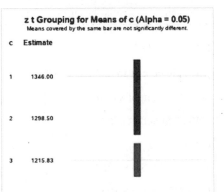

The ANOVA Procedure

Dependent Variable: x3

Source	DF	Sum of Squares	Mean Square	F Value	Pr > F
Model	8	193719.0370	24214.8796	13.62	<.0001
Error	45	80020.6667	1778.2370		
Corrected Total	53	273739.7037			

R-Square	Coeff Var	Root MSE	x3 Mean
0.707676	9.831336	42.16915	428.9259

Source	DF	Anova SS	Mean Square	F Value	Pr > F
e	2	176187.1481	88093.5741	49.54	<.0001
f	2	17355.5926	8677.7963	4.88	0.0121
e*f	4	176.2963	44.0741	0.02	0.9988

Level of e	Level of f	N	x3 Mean	x3 Std Dev
1	1	6	371.666667	37.7712413
1	2	6	353.500000	41.7600287
1	3	6	327.000000	64.7425671
2	1	6	503.500000	30.1645487
2	2	6	488.333333	36.2914131
2	3	6	464.833333	45.1726318
3	1	6	470.833333	20.6921885
3	2	6	456.666667	38.5106046
3	3	6	424.000000	49.6306357

图 5-10　条区试验数据分析程式运行主要结果界面 2

第四节 双因素和三因素其他试验设计的统计分析

一、双因素完全随机区组试验设计的统计分析

例 5-10：有一早稻双因素试验，A 因素为品种（a=3）：A1（早熟）、A2（中熟）、A3（晚熟）。B 因素为密度（b=3）：B1（16.5cm×6.6cm）、B2（16.5cm×9.9cm）、B3（16.5cm×13.2cm）。共 AB=3×3=9 个处理组合，重复 3 次（r=3），小区计产面积为 20m^2。随机区组排列图和产量记录如表 5-12 所示。分析处理效应。

表 5-12 双因素试验产量结果

区组 1	A1B1 8	A2B2 7	A3B3 10	A2B3 8	A3B2 8	A1B3 6	A3B1 7	A1B2 7	A2B1 9
区组 2	A2B3 7	A3B2 7	A1B2 7	A3B1 7	A1B3 5	A2B1 5	A2B2 9	A3B3 9	A1B1 8
区组 3	A3B1 6	A1B3 6	A2B1 8	A1B2 6	A2B2 6	A3B3 9	A1B1 8	A2B3 6	A3B2 8

SAS 程序如下：

```
data zkb; do a=1 to 3; do b=1 to 3;
do r=1 to 3;input x @@;
output; end;end;end;
cards;
8 8 8 7 7 6 6 5 6 9 9 8 7 9
6 8 7 6 7 7 6 8 7 8 10 9 9
;
proc anova;class a b r;model x=r a b a*b;
means a b a*b/lsd;
run;
```

说明：

① 数据步 a、b 为双因素处理水平数，r 为区组数（重复数）。

② 数据步数据表输入数据按照循环定义顺序输入，务必一致，即各处理组合的若干次重复的观测值依次输入，套用程序时注意。

③ Class、model 后面的变量效应必须包含程序规定项，而 means 后面变量效应可以在 a、b、a*b 中自定义。

④ 过程步有关说明同前述。

网页版运行主要结果如图 5-11 所示。

The ANOVA Procedure

Dependent Variable: x

Source	DF	Sum of Squares	Mean Square	F Value	Pr > F
Model	10	32.88888889	3.28888889	6.77	0.0004
Error	16	7.77777778	0.48611111		
Corrected Total	26	40.66666667			

R-Square	Coeff Var	Root MSE	x Mean
0.808743	9.365597	0.697217	7.444444

Source	DF	Anova SS	Mean Square	F Value	Pr > F
r	2	2.88888889	1.44444444	2.97	0.0799
a	2	6.22222222	3.11111111	6.40	0.0091
b	2	1.55555556	0.77777778	1.60	0.2326
a*b	4	22.22222222	5.55555556	11.43	0.0001

The ANOVA Procedure

t Tests (LSD) for x

Note: This test controls the Type I comparisonwise error rate, not the experimentwise error rate.

The ANOVA Procedure

t Tests (LSD) for x

Note: This test controls the Type I comparisonwise error rate, not the experimentwise error rate.

Alpha	0.05
Error Degrees of Freedom	16
Error Mean Square	0.486111
Critical Value of t	2.11991
Least Significant Difference	0.6968

Alpha	0.05
Error Degrees of Freedom	16
Error Mean Square	0.486111
Critical Value of t	2.11991
Least Significant Difference	0.6968

x t Grouping for Means of a (Alpha = 0.05)

Means covered by the same bar are not significantly different.

a	Estimate
3	7.8889
2	7.6667
1	6.7778

x t Grouping for Means of b (Alpha = 0.05)

Means covered by the same bar are not significantly different.

b	Estimate
1	7.7778
3	7.3333
2	7.2222

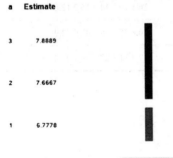

Level of a	Level of b	N	x Mean	Std Dev
1	1	3	8.00000000	0.00000000
1	2	3	6.66666667	0.57735027
1	3	3	5.66666667	0.57735027
2	1	3	8.66666667	0.57735027
2	2	3	7.33333333	1.52752523
2	3	3	7.00000000	1.00000000
3	1	3	6.66666667	0.57735027
3	2	3	7.66666667	0.57735027
3	3	3	9.33333333	0.57735027

图 5-11 双因素完全随机区组试验设计数据方差分析结果界面

二、三因素完全随机试验统计分析

例 5-11：水稻品种 A、赤霉素浓度 B、光照 C 的三因素试验，其中 A：A1、A2、A3；B：B1、B2；C：C1、C2。共计 3×2×2=12 组合。盆栽，各处理组合完全随机排列。调查苗高结果见表 5-13。试分析不同处理的效应差异。

表 5-13 三因素试验苗高结果

A	B	C	观察值/cm
A1	B1	C1	16.3 19.6 20.4 18.3 19.6
		C2	15.5 17.6 17.3 18.7 19.1
	B2	C1	30.9 35.6 33.2 32.6 36.6
		C2	28.4 23.9 26.0 24.0 29.2
A2	B1	C1	18.7 18.4 15.1 17.9 17.4
		C2	15.6 15.6 17.8 17.7 16.7
	B2	C1	28.2 34.3 32.1 26.2 29.0
		C2	27.7 27.2 22.3 18.0 20.3
A3	B1	C1	18.9 17.7 18.0 15.9 15.6
		C2	16.1 10.8 14.7 15.2 12.6
	B2	C1	40.8 38.7 35.1 41.0 42.9
		C2	27.2 31.3 27.1 29.1 25.0

SAS 程式如下：

```
data zkb; do a=1 to 3; do b=1 to 2;do c=1 to 2;
do i=1 to 5; input x @@;output;end;end;end;end;
cards;
16.3 19.6 20.4 18.3 19.6
15.5 17.6 17.3 18.7 19.1
30.9 35.6 33.2 32.6 36.6
28.4 23.9 26.0 24.0 29.2
18.7 18.4 15.1 17.9 17.4
15.6 15.6 17.8 17.7 16.7
28.2 34.3 32.1 26.2 29.0
27.7 27.2 22.3 18.0 20.3
```

18.9 17.7 18.0 15.9 15.6

16.1 10.8 14.7 15.2 12.6

40.8 38.7 35.1 41.0 42.9

27.2 31.3 27.1 29.1 25.0

;

proc anova;class a b c;model x=a b c a*b a*c b*c a*b*c;

means a b a*b a*c b*c a*b*c/lsd;

run;

说明：

① 相比较双因素完全随机试验统计分析（即双向分组资料）程式，不同点在于：数据步多 1 重循环控制。过程步中，class 后面跟三因素的变量名，如 class a b c；model 后面多加 1 个主效和若干交互效应，如 model a b c a*b b*c a*c a*b*c；means 后面也相应增加效应种类。

② 可以推广到更多因素的程式，就是每增加 1 个因素就添加 1 层循环控制语句和可能组合的交互效应与主效。

③ 其余同前述。

网页版运行主要结果如图 5-12 所示。

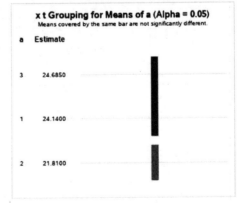

The ANOVA Procedure

Dependent Variable: x

Source	DF	Sum of Squares	Mean Square	F Value	Pr > F
Model	11	3540.448500	321.858955	56.24	<.0001
Error	48	274.700000	5.722917		
Corrected Total	59	3815.148500			

R-Square	Coeff Var	Root MSE	x Mean
0.927998	10.16038	2.392262	23.54500

Source	DF	Anova SS	Mean Square	F Value	Pr > F
a	2	93.277000	46.638500	8.15	0.0009
b	1	2601.733500	2601.733500	454.62	<.0001
c	1	412.388167	412.388167	72.06	<.0001
a*b	2	208.999000	104.499500	18.26	<.0001
a*c	2	40.530333	20.265167	3.54	0.0368
b*c	1	179.228167	179.228167	31.32	<.0001
a*b*c	2	4.292333	2.146167	0.38	0.6893

The ANOVA Procedure

t Tests (LSD) for x

Note: This test controls the Type I comparisonwise error rate, not the experimentwise error rate.

Alpha	0.05
Error Degrees of Freedom	48
Error Mean Square	5.722917
Critical Value of t	2.01063
Least Significant Difference	1.521

x t Grouping for Means of a (Alpha = 0.05)

Means covered by the same bar are not significantly different.

a	Estimate
3	24.6850
1	24.1400
2	21.8100

图 5-12

图 5-12　三因素完全随机试验数据分析程式运行主要结果界面

三、三因素完全随机区组试验统计分析

例 5-12：有一随机区组试验，各因素及其处理水平组合如表 5-14 所示。小区计产面积 25m²，皮棉产量如表 5-15 所示。试分析处理效应差异。

表 5-14　各因素及其处理水平组合

A 品种	B 播种期	密度	处理组合代号
A1	B1（谷雨前）	C1（3500）	T1
		C2（5000）	T2
		C3（6500）	T3
	B2（立夏）	C1（3500）	T4
		C2（5000）	T5
		C3（6500）	T6
A2	B1（谷雨前）	C1（3500）	T7
		C2（5000）	T8
		C3（6500）	T9
	B2（立夏）	C1（3500）	T10
		C2（5000）	T11
		C3（6500）	T12

表 5-15 皮棉产量

区组 1	T2 12	T5 9	T9 7	T12 5	T4 10	T8 4	T1 12	T10 2	T3 10	T7 3	T11 3	T6 6
区组 2	T12 7	T10 2	T2 11	T11 4	T1 14	T9 16	T6 6	T7 2	T8 3	T4 9	T3 9	T5 9
区组 3	T3 9	T1 13	T11 5	T2 11	T12 7	T9 7	T5 8	T10 3	T6 7	T8 4	T7 4	T4 9

SAS 程式如下：

```
data zkb; do a=1 to 2; do b=1 to 2;
do c=1 to 3; do r=1 to 3;input x @@;
output; end;end;end; end;
cards;
12 14 13 12 11 11 10 9 9 10 9 9 9 9 8 6
6 7 3 2 4 4 3 4 7 6 7 2 2 3 3 4 5 5 7 7
;
proc anova;class a b c r;model x=r a b c
a*b a*c b*c a*b*c;
means a b c a*b a*c b*c a*b*c/lsd;
run;
```

说明：

① 相比较双因素完全随机区组试验统计分析（即双向分组资料）程式，不同点在于：数据步多 1 重循环控制。过程步中，class 后面跟三因素的变量名，如 class a b c r；model 后面多加 1 个主效和若干交互效应，如 model a b c a*b b*c a*c a*b*c r；means 后面也相应增加效应种类。

② 可以推广到更多因素的程式，就是每增加 1 个因素就添加 1 层循环控制语句和可能组合的交互效应与主效。

③ 其余同前述。

网页版运行结果如图 5-13 所示。

Dependent Variable: x

Source	DF	Sum of Squares	Mean Square	F Value	Pr > F
Model	13	383.1666667	29.4743590	50.53	<.0001
Error	22	12.8333333	0.5833333		
Corrected Total	35	396.0000000			

The ANOVA Procedure

t Tests (LSD) for x

Note: This test controls the Type I comparisonwise error rate, not the experimentwise error rate.

Alpha	0.05
Error Degrees of Freedom	22
Error Mean Square	0.583333
Critical Value of t	2.07387
Least Significant Difference	0.528

图 5-13

R-Square	Coeff Var	Root MSE	x Mean
0.967593	10.91089	0.763763	7.000000

Source	DF	Anova SS	Mean Square	F Value	Pr > F
r	2	1.1666667	0.5833333	1.00	0.3840
a	1	256.0000000	256.0000000	438.86	<.0001
b	1	25.0000000	25.0000000	42.86	<.0001
c	2	0.5000000	0.2500000	0.43	0.6568
a*b	1	18.7777778	18.7777778	32.19	<.0001
a*c	2	80.1666667	40.0833333	68.71	<.0001
b*c	2	1.5000000	0.7500000	1.29	0.2964
a*b*c	2	0.0555556	0.0277778	0.05	0.9536

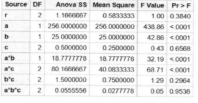

x t Grouping for Means of a (Alpha = 0.05)
Means covered by the same bar are not significantly different.

a		Estimate
1		9.6667
2		4.3333

The ANOVA Procedure

t Tests (LSD) for x

Note: This test controls the Type I comparisonwise error rate, not the experimentwise error rate.

Alpha	0.05
Error Degrees of Freedom	22
Error Mean Square	0.583333
Critical Value of t	2.07387
Least Significant Difference	0.528

The ANOVA Procedure

t Tests (LSD) for x

Note: This test controls the Type I comparisonwise error rate, not the experimentwise error rate.

Alpha	0.05
Error Degrees of Freedom	22
Error Mean Square	0.583333
Critical Value of t	2.07387
Least Significant Difference	0.6466

x t Grouping for Means of b (Alpha = 0.05)
Means covered by the same bar are not significantly different.

b	Estimate
1	7.8333
2	6.1667

x t Grouping for Means of c (Alpha = 0.05)
Means covered by the same bar are not significantly different.

c	Estimate
3	7.1667
2	6.9167
1	6.9167

Level of a	Level of b	N	x Mean	x Std Dev
1	1	9	11.2222222	1.71593836
1	2	9	8.1111111	1.45296631
2	1	9	4.4444444	1.81046342
2	2	9	4.2222222	1.92209377

Level of b	Level of c	N	x Mean	x Std Dev
1	1	6	8.00000000	5.54977477
1	2	6	7.50000000	4.23083916
1	3	6	8.00000000	1.54919334
2	1	6	5.83333333	3.86867764
2	2	6	6.33333333	2.65832027
2	3	6	6.33333333	0.81649658

Level of a	Level of b	Level of c	N	x Mean	x Std Dev
1	1	1	3	13.0000000	1.00000000
1	1	2	3	11.3333333	0.57735027
1	1	3	3	9.3333333	0.57735027
1	2	1	3	9.3333333	0.57735027
1	2	2	3	8.6666667	0.57735027
1	2	3	3	6.3333333	0.57735027
2	1	1	3	3.0000000	1.00000000
2	1	2	3	3.6666667	0.57735027
2	1	3	3	6.6666667	0.57735027
2	2	1	3	2.3333333	0.57735027
2	2	2	3	4.0000000	1.00000000
2	2	3	3	6.3333333	1.15470054

Level of a	Level of c	N	x Mean	x Std Dev
1	1	6	11.1666667	2.13697606
1	2	6	10.0000000	1.54919334
1	3	6	7.8333333	1.72240142
2	1	6	2.6666667	0.81649658
2	2	6	3.8333333	0.75277265
2	3	6	6.5000000	0.83666003

图 5-13　三因素完全随机区组试验数据分析程式运行主要结果界面

第五节　正交设计试验统计分析

一、不考虑交互效应的正交试验的方差分析

例 5-13：温度、菌系和培养时间三者间无互作，以下是了解根瘤菌生长差异原因的三因素正交试验，选择 L_9（3^3）表，A、B、C 排列于 1、2、3 列。数据见 SAS 程式数据表。试分析三因素主效差异显著性。

SAS 程式如下：

```
data zkb; input a b c x @@;
cards;
1 1 1 980 1 2 2 900 1 3 3 1135
2 1 3 905 2 2 1 880 2 3 2 1110
3 1 2 905 3 2 3 775 3 3 1 1035
;
proc glm; class a b c; model x=a b c;
manova h=a b c ; lsmeans a b c/pdiff;
run;
```

说明：

① 本程式适合不考虑交互效应的正交试验设计的统计分析。

② 数据步 input 语句后面的 a、b、c 等字母表示不同试验因素，而数据表中对应的数字表示不同处理水平；x 是试验指标观测变量，数据表中在不同处理水平后的数字即为观测值；套用程式时作相应修改。

③ 过程步用 glm 作总模型的方差分析；manova 语句作多元方差分析，建议选择威尔克斯∧统计量（Wilks ∧–statistic）检验方法测验各种因素的主效显著性；lsmeans 语句用最小二乘法检验各因素主效的差异显著性。应用多种检验方法来分析各因素主效，有助于得出科学结论。

网页版运行主要结果如图 5-14 和图 5-15 所示。

The GLM Procedure

Dependent Variable: x

Source	DF	Sum of Squares	Mean Square	F Value	Pr > F
Model	6	108283.3333	18047.2222	32.32	0.0303
Error	2	1116.6667	558.3333		
Corrected Total	8	109400.0000			

图 5-14

R-Square	Coeff Var	Root MSE	x Mean
0.989793	2.465643	23.62908	958.3333

Source	DF	Type I SS	Mean Square	F Value	Pr > F
a	2	15200.00000	7600.00000	13.61	0.0684
b	2	91216.66667	45608.33333	81.69	0.0121
c	2	1866.66667	933.33333	1.67	0.3743

Source	DF	Type III SS	Mean Square	F Value	Pr > F
a	2	15200.00000	7600.00000	13.61	0.0684
b	2	91216.66667	45608.33333	81.69	0.0121
c	2	1866.66667	933.33333	1.67	0.3743

The GLM Procedure
Multivariate Analysis of Variance

Characteristic Roots and Vectors of: E Inverse * H, where
H = Type III SSCP Matrix for a
E = Error SSCP Matrix

		Characteristic Vector V'EV=1
		x
Characteristic Root	Percent	
13.6119403	100.00	0.02992528

The GLM Procedure
Least Squares Means

a	x LSMEAN	LSMEAN Number
1	1005.00000	1
2	965.00000	2
3	905.00000	3

MANOVA Test Criteria and Exact F Statistics for the Hypothesis of No Overall a Effect
H = Type III SSCP Matrix for a
E = Error SSCP Matrix

S=1 M=0 N=0

Statistic	Value	F Value	Num DF	Den DF	Pr > F
Wilks' Lambda	0.06843718	13.61	2	2	0.0684
Pillai's Trace	0.93156282	13.61	2	2	0.0684
Hotelling-Lawley Trace	13.61194030	13.61	2	2	0.0684
Roy's Greatest Root	13.61194030	13.61	2	2	0.0684

Least Squares Means for effect a
Pr > |t| for H0: LSMean(i)=LSMean(j)

Dependent Variable: x

i/j	1	2	3
1		0.1739	0.0353
2	0.1739		0.0897
3	0.0353	0.0897	

Characteristic Roots and Vectors of: E Inverse * H, where
H = Type III SSCP Matrix for b
E = Error SSCP Matrix

		Characteristic Vector V'EV=1
		x
Characteristic Root	Percent	
81.6865672	100.00	0.02992528

b	x LSMEAN	LSMEAN Number
1	930.00000	1
2	851.66667	2
3	1093.33333	3

MANOVA Test Criteria and Exact F Statistics for the Hypothesis of No Overall b Effect
H = Type III SSCP Matrix for b
E = Error SSCP Matrix

S=1 M=0 N=0

Statistic	Value	F Value	Num DF	Den DF	Pr > F
Wilks' Lambda	0.01209386	81.69	2	2	0.0121
Pillai's Trace	0.98790614	81.69	2	2	0.0121
Hotelling-Lawley Trace	81.68656716	81.69	2	2	0.0121
Roy's Greatest Root	81.68656716	81.69	2	2	0.0121

Least Squares Means for effect b
Pr > |t| for H0: LSMean(i)=LSMean(j)

Dependent Variable: x

i/j	1	2	3
1		0.0556	0.0137
2	0.0556		0.0063
3	0.0137	0.0063	

Note: To ensure overall protection level, only probabilities associated with pre-planned comparisons should be used.

图 5-14　不考虑交互效应正交试验数据分析程式运行结果界面 1

Characteristic Roots and Vectors of: E Inverse * H, where
H = Type III SSCP Matrix for c
E = Error SSCP Matrix

		Characteristic Vector V'EV=1
		x
Characteristic Root	Percent	
1.67164179	100.00	0.02992528

c	x LSMEAN	LSMEAN Number
1	965.000000	1
2	971.666667	2
3	938.333333	3

MANOVA Test Criteria and Exact F Statistics for the Hypothesis of No Overall c Effect
H = Type III SSCP Matrix for c
E = Error SSCP Matrix

S=1 M=0 N=0

Statistic	Value	F Value	Num DF	Den DF	Pr > F
Wilks' Lambda	0.37430168	1.67	2	2	0.3743
Pillai's Trace	0.62569832	1.67	2	2	0.3743
Hotelling-Lawley Trace	1.67164179	1.67	2	2	0.3743
Roy's Greatest Root	1.67164179	1.67	2	2	0.3743

Least Squares Means for effect c
Pr > |t| for H0: LSMean(i)=LSMean(j)

Dependent Variable: x

i/j	1	2	3
1		0.7626	0.3010
2	0.7626		0.2262
3	0.3010	0.2262	

Note: To ensure overall protection level, only probabilities associated with pre-planned comparisons should be used.

图 5-15　不考虑交互效应正交试验数据分析程式运行结果界面 2

二、考虑交互效应的正交试验方差分析

例 5-14：在花菜留种试验中，A 为浇水次数，B 为喷药次数，C 为施肥方法，D 为进室时间，各因素两个水平，作 $L_8(2^7)$ 正交试验。第 1、2、4、7 列安置 A、B、C、D，第 3、5 列安置 A×B、A×C，第 6 列空白，数据如 SAS 程式数据表所示。试作主效应和互作效应方差分析。

SAS 程式如下：

```
data zkb; input a b c d x @@;
cards;
1 1 1 1 350
1 1 2 2 325
1 2 1 2 425
1 2 2 1 425
2 1 1 2 200
2 1 2 1 250
2 2 1 1 275
2 2 2 2 375
;
proc anova; class a b c d;
model x=a b c d a*b a*c;
means a b c d a*b a*c/duncan;
run;
```

说明：

① 过程步应用 anova 过程，class 和 model 必不可少，且 model 后面必须先写完主效，接着写一级交互效应。

② 其余说明同上述不考虑交互效应的一个区组试验设计分析程式，以及前述方差分析有关规定。

网页版运行主要结果如图 5-16 和图 5-17 所示。

The ANOVA Procedure
Dependent Variable: x

Source	DF	Sum of Squares	Mean Square	F Value	Pr > F
Model	6	46093.75000	7682.29167	10.93	0.2275
Error	1	703.12500	703.12500		
Corrected Total	7	46796.87500			

图 5-16

	R-Square	Coeff Var	Root MSE	x Mean
	0.984975	8.081220	26.51650	328.1250

Source	DF	Anova SS	Mean Square	F Value	Pr > F
a	1	22578.12500	22578.12500	32.11	0.1112
b	1	17578.12500	17578.12500	25.00	0.1257
c	1	1953.12500	1953.12500	2.78	0.3440
d	1	78.12500	78.12500	0.11	0.7952
a*b	1	78.12500	78.12500	0.11	0.7952
a*c	1	3828.12500	3828.12500	5.44	0.2578

The ANOVA Procedure

Duncan's Multiple Range Test for x

Note: This test controls the Type I comparisonwise error rate, not the experimentwise error rate.

Alpha	0.05
Error Degrees of Freedom	1
Error Mean Square	703.125

Number of Means	2
Critical Range	238.3

x Duncan Grouping for Means of a (Alpha = 0.05)

Means covered by the same bar are not significantly different.

a	Estimate
1	381.25
2	275.00

The ANOVA Procedure

Duncan's Multiple Range Test for x

Note: This test controls the Type I comparisonwise error rate, not the experimentwise error rate.

Alpha	0.05
Error Degrees of Freedom	1
Error Mean Square	703.125

Number of Means	2
Critical Range	238.3

x Duncan Grouping for Means of b (Alpha = 0.05)

Means covered by the same bar are not significantly different.

b	Estimate
2	375.00
1	281.25

图 5-16　考虑交互效应正交试验数据分析程式运行结果界面 1

The ANOVA Procedure

Duncan's Multiple Range Test for x

Note: This test controls the Type I comparisonwise error rate, not the experimentwise error rate.

Alpha	0.05
Error Degrees of Freedom	1
Error Mean Square	703.125

Number of Means	2
Critical Range	238.3

2	343.75
1	312.50

The ANOVA Procedure

Duncan's Multiple Range Test for x

Note: This test controls the Type I comparisonwise error rate, not the experimentwise error rate.

x Duncan Grouping for Means of d (Alpha = 0.05)

Means covered by the same bar are not significantly different.

d	Estimate
2	331.25
1	325.00

Level of a	Level of b	N	x Mean	Std Dev	Level of a	Level of c	N	x Mean	Std Dev
1	1	2	337.500000	17.6776695	1	1	2	387.500000	53.0330086
1	2	2	425.000000	0.0000000	1	2	2	375.000000	70.7106781
2	1	2	225.000000	35.3553391	2	1	2	237.500000	53.0330086
2	2	2	325.000000	70.7106781	2	2	2	312.500000	88.3883476

图 5-17　考虑交互效应正交试验数据分析程式运行结果界面 2

思 考 题

1. 测定 4 种密度下金皇后玉米的千粒重（g）各 4 次，得结果如表 5-16 所示。试作处理间差异显著性分析。

表 5-16　4 种密度下金皇后玉米的千粒重

种植密度/（株/亩）	千粒重/g
2000	247 258 256 251
4000	238 244 246 236
6000	214 227 221 218
8000	210 204 200 210

2. 破坏上述"均衡数据"例题（例 5-1）数据，造成缺区，再用 SAS 程式分析处理间差异显著性。

3. 施用农药治虫后，抽查 3 块稻田排出的水，各取 3 个水样，每水样分析农药残留量 2 次，观测值如表 5-17 所示。分析不同稻田的水样农药残留量差异。

表 5-17　3 块稻田的水样农药残留量

稻田	A			B			C		
水样	1	2	3	1	2	3	1	2	3
残留量	1.1	1.3	1.2	1.3	1.3	1.4	1.8	2.1	2.2
	1.2	1.1	1.0	1.4	1.5	1.2	2.0	2.0	1.9

4. 在组织培养中，采用 2,4-D 和 KT 不同浓度配比，观察生根比率来选择合适的激素浓度配比，结果如表 5-18 所示。请分析。

表 5-18　2 种激素不同浓度配比生根率

2,4-D	0			0.05			0.10		
KT	0	0.05	0.10	0	0.05	0.10	0	0.05	0.10
重复 1	0.24	0.35	0.38	0.20	0.25	0.36	0.28	0.50	0.30
重复 2	0.26	0.31	0.35	0.21	0.21	0.35	0.20	0.51	0.31
重复 3	0.25	0.32	0.35	0.22	0.26	0.34	0.21	0.52	0.32

5. 表 5-19 为小麦栽培试验的产量结果（kg），随机区组设计，小区计产面积 $12m^2$，分析处理差异显著性。若改作完全随机设计，结果又怎样？比较区组设计效果。

表 5-19 小麦栽培试验

处理	区组			
	I	II	III	IV
A	6.2	6.6	6.9	6.1
B	5.8	6.7	6.0	6.3
C	7.2	6.6	6.8	7.0
D	5.6	5.8	5.4	6.0
E	6.9	7.2	7.0	7.4
F	7.5	7.8	7.3	7.6

6. 表 5-20 为水稻品种比较试验产量结果（kg），5×5 拉丁方设计，计产面积 30m²，试分析品种差异。

表 5-20 水稻品种比较试验产量

横行区组	纵行区组				
	I	II	III	IV	V
I	B25	E23	A27	C28	D20
II	D22	A28	E20	B28	C26
III	E18	B25	C28	D24	A25
IV	A26	C26	D22	E19	B24
V	C23	D23	B26	A33	E20

7. 有一小麦裂区试验，主处理 A：深耕 A1、浅耕 A2；副处理 B：多肥 B1、少肥 B2；重复 3 次，小区计产面积 15m²，田间排列和产量记录如表 5-21 所示。试分析处理效应。

8. 上述裂区试验统计分析部分习题的双因素改为条区设计，其排列与观察值记录如表 5-22 所示。试作试验效应差异分析。

表 5-21 小麦裂区试验设计

B1 9	B1 7	B2 3	B1 11	B2 1	B2 4
B2 6	B2 2	B1 5	B2 4	B1 6	B1 12
A1	A2	A2	A1	A2	A1

表 5-22 条区试验设计

	A1	A2		A2	A1		A2	A1
B1	9	7	B1	5	11	B2	1	4
B2	6	2	B2	3	4	B1	6	12

9. 有一大豆试验，A 因素为品种：A1、A2、A3、A4（a=4）。B 因素为播期：B1、B2、B3（b=3）。随机区组试验设计，重复 3 次，小区计产面积 25m²。田间排列和产量记录如表 5-23 所示。试分析处理效应。

表 5-23　双因素大豆产量结果

区组1	A1B1 12	A2B2 13	A3B3 14	A4B2 15	A2B1 13	A4B3 16	A3B2 14	A1B3 13	A4B1 16	A1B2 12	A3B1 14	A2B3 14
区组2	A4B2 16	A1B3 14	A2B1 14	A3B3 15	A1B2 12	A2B3 13	A4B1 16	A3B2 13	A2B2 13	A3B1 15	A1B1 13	A4B3 17
区组3	A2B3 13	A3B1 15	A1B2 11	A2B1 14	A4B3 17	A3B2 14	A2B2 12	A4B1 15	A3B3 15	A1B3 13	A4B2 15	A1B1 13

10. 在药物处理大豆种子试验中，使用了大中小 3 种类型的种子，分别用 5 种浓度、2 种处理时间进行处理，播种后 45 天对每处理取两份样品。每样品含 10 株，测其干重，数据见表 5-24。试作处理差异显著性测定分析。

表 5-24　5 种浓度、2 种处理时间播种后 45 天的大豆干重

处理时间 A	种子类型 C	浓度B				
		B1（0×10⁻⁶）	B2（10×10⁻⁶）	B3（20×10⁻⁶）	B4（30×10⁻⁶）	B5（40×10⁻⁶）
A1(12h)	C1（小）	7.0	12.8	22.0	21.3	24.4
		6.5	11.4	21.8	20.3	23.2
	C2（中）	13.5	13.2	20.4	19.0	24.6
		13.8	14.2	21.4	19.6	23.8
	C3（大）	10.7	12.4	22.6	21.3	24.5
		10.3	13.2	21.8	22.4	24.2
A2(24h)	C1（小）	3.6	10.7	4.7	12.4	13.6
		1.5	8.8	3.4	10.5	13.7
	C2（中）	4.7	9.8	2.7	12.4	14.0
		4.9	10.5	4.2	13.2	14.2
	C3（大）	8.7	9.6	3.4	13.0	14.8
		3.5	9.7	4.2	12.7	12.6

11. 将上述三因素完全随机试验的两个样品安排在两个区组中取样，再作分析，比较结果差异。

12. 某研究利用木霉酶解稻草粉的优良工艺条件时，发现曲种比例、水量多少、pH 值大小等因素取不同水平时对稻草粉糖化质量有很大影响。因此，作了三因素三水平的正交试验$[L_3(3^3)]$。试验数据如表 5-25 所示。试作方差分析。

表 5-25 三因素三水平正交试验数据

试验号	因素			指标酶解得糖率/%
	A（曲比）	B（水量）	C（pH 值）	
1	1（3：7）	1（7）	1（4）	8.89
2	1（3：7）	2（9）	2（4.5）	7.00
3	1（3：7）	3（5）	3（5）	7.50
4	2（5：5）	3（5）	2（4.5）	10.08
5	2（5：5）	2（9）	3（5）	7.56
6	2（5：5）	1（7）	1（4）	8.00
7	3（7:3）	1（7）	3（5）	6.72
8	3（7:3）	2（9）	1（4）	11.34
9	3（7:3）	3（5）	2（4.5）	9.50

13. 研究 5 种蛋鸡育成期的配合饲料对鸡产蛋效果的影响。配合饲料中主要考察 5 种成分组成，各成分均取 3 个水平。玉米 A、麦麸 B、豆饼 C、鱼粉 D、食盐 E。此外需考察 A×B、A×C、A×E。L_{27}（3^{13}）正交表，A、B、C、E、D 分别排在 1、2、5、8、11 列上，3 种交互效应分别落在（3、4），（6、7）、（9、10）上。试作方差分析。

1 1 1 1 1 569 1 1 2 2 2 554 1 1 3 3 3 637 1 2 1 1 2 3 566

1 2 2 3 1 565 1 2 3 1 2 648 1 3 1 3 2 581 1 3 2 1 3 568

1 3 3 2 1 535 2 1 1 1 1 593 2 1 2 2 2 615 2 1 3 3 3 620

2 2 1 2 3 586 2 2 2 3 1 597 2 2 3 1 2 617 2 3 1 3 2 599

2 3 2 1 3 613 2 3 3 2 1 580 3 1 1 1 1 569 3 1 2 2 2 615

3 1 3 3 3 591 3 2 1 2 3 586 3 2 2 3 1 616 3 2 3 1 2 630

3 3 1 3 2 566 3 3 2 1 3 638 3 3 3 2 1 573

第六章

回归与相关分析

　　试验方案中常设计需要了解不同指标在量上的相互变化关系，必须明确不同指标间的相关程度和在量上相互影响特点，这就是统计学上的回归与相关分析。回归与相关分析是在前述方差分析、卡方测验独立性等定性分析差异、相关性基础上的进一步深度分析，可以更深层次地揭示事物的本质和规律。因此，本章所述的统计分析方法是对科研数据深度发掘科学信息的必备技能。

　　一元线性回归与相关分析是继方差分析方法之外的又一类常用和常见的分析方法，经常在方差分析基础上进一步展开定量分析。为了提高试验结果的可靠性和结论的正确性，会遇到处理之外的相关因素引起试验误差问题，一元线性回归分析与方差分析相结合的协方差分析方法可以在统计计算中达到控制试验误差的目的，因此，本章要注意这部分内容的学习，以期在科研实践中能熟练地联想和正确应用这种分析方法。

　　农作物生命活动规律和农业生产技术效应是极其复杂的，常需要尽可能全面分析和解决问题，这就涉及多元线性回归分析、多元线性相关分析和多元典型性相关分析，从而揭示不同因素和指标间相互影响特点，深度发掘数据中的科学信息，进而深入解决科学问题。其中多元线性偏相关分析可以尽可能消除其他相关因素对某两个因素或指标间相关性的影响误差，也是通过计算消除试验误差的一种研究方法。

　　常见专业上两个相关的因素在一元线性回归与相关分析结果中差异不显著，这是因为还存在某种非线性回归和相关关系，有必要关注非线性回归与相关分析问题。其中非线性关系的线性化处理是关键，应注意有关数学基础知识。

第一节　一元线性回归与相关分析

一、一元线性回归分析程式

例 6-1：江苏武进连续 9 年测定 3 月下旬到 4 月中旬旬均温积温（x/旬·度）和水稻一代三化螟盛发期（y/以 5 月 10 日为 0）的关系，得结果见 SAS 程式数据表。求其回归方程。

SAS 程式如下：

```
data zkb;input x y @@;
cards;
35.5 12   34.1 16   31.7 9   40.3   2   36.8 7
40.2 3    31.7 13   39.2 9   44.2   -1

;
proc reg; model y=x/xpx i;
run;
```

说明：套用程式只需修改数据表，注意数据是自变量和依变量对应成对输入。

网页版运行结果如图 6-1 所示。

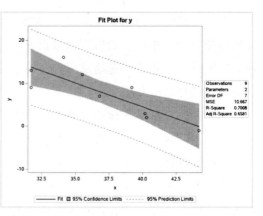

Analysis of Variance					
Source	DF	Sum of Squares	Mean Square	F Value	Pr > F
Model	1	174.88878	174.88878	16.40	0.0049
Error	7	74.66678	10.66668		
Corrected Total	8	249.55556			

Root MSE	3.26599	R-Square	0.7008
Dependent Mean	7.77778	Adj R-Sq	0.6581
Coeff Var	41.99128		

Parameter Estimates					
Variable	DF	Parameter Estimate	Standard Error	t Value	Pr > |t|
Intercept	1	48.54932	10.12779	4.79	0.0020
x	1	-1.09962	0.27157	-4.05	0.0049

图 6-1　一元线性回归分析程式运行主要结果界面

二、一元线性相关性分析

例 6-2：上例数据，分析 x 与 y 的线性相关性。

SAS 程式如下：

```
data zkb;input x y @@;
cards;
35.5 12   34.1 16   31.7 9   40.3   2   36.8 7
40.2 3    31.7 13   39.2 9   44.2   −1
;
proc corr;var x y;
run;
```

说明：套用程序只需修改数据表，两变量始终按照相同顺序成对输入。结果中上边的数值为线性相关系数，下边为其对应的概率，大于 0.05 则不显著，否则显著。

网页版运行主要结果如图 6-2 所示。

The CORR Procedure

2 Variables: x y

Simple Statistics

Variable	N	Mean	Std Dev	Sum	Minimum	Maximum
x	9	37.07778	4.25199	333.70000	31.70000	44.20000
y	9	7.77778	5.58520	70.00000	-1.00000	16.00000

Pearson Correlation Coefficients, N = 9
Prob > |r| under H0: Rho=0

	x	y
x	1.00000	-0.83714 0.0049
y	-0.83714 0.0049	1.00000

图 6-2　一元线性相关性分析程式运行主要结果页面

第二节　协方差分析

一、单向分组数据资料协方差分析

例 6-3：为研究 A、B、C 三种肥料对于苹果的增产效果，选了 24 株同龄苹果树，第一年记下各树产量（x，kg），第二年将每种肥料随机施于 8 株苹果树上，再记下其产量（y，kg）。结果如表 6-1 所示，试分析肥料效应。

表 6-1　三种肥料对苹果的增产效果

肥料	观察值
A	x 47 58 53 46 49 56 54 44
A	y 54 66 63 51 56 66 61 50
B	x 52 53 64 58 59 61 63 66
B	y 54 53 67 62 62 63 64 69
C	x 44 48 46 50 59 57 58 53
C	y 52 58 54 61 70 64 69 66

```
data zkb; do a=1 to 3;
do i=1 to 8;input x y @@;
```

```
output; end;end;
cards;
47 54 58 66 53 63 46 51 49 56 56 66
54 61 44 50 52 54 53 53 64 67 58 62
59 62 61 63 63 64 66 69 44 52 48 58
46 54 50 61 59 70 57 64 58 69 53 66
;
proc glm;class a; model y=x a/solution;
lsmeans a/stderr pdiff;
run;
```

说明：此例为单向分组资料数据的协方差分析；数据步依据数据均衡情况，循环语句作相应变通；数据输入必须是对应成对变量输入；class 和 model 语句是必须有的，并且位置不可颠倒；class 后的变量定义分类，model 后的变量定义自变量、依变量和分类变量的效应类型，solution 说明输出回归方程各参数的估计值；lsmeans 要求输出所指定效应的最小二乘均值，stderr 要求输出最小二乘均值的标准误，pdiff 要求输出所检验的无效假说 H_0；若回归关系不显著，则作一般方差分析。

网页版运行主要结果如图 6-3 所示。

Source	DF	Type III SS	Mean Square	F Value	Pr > F
x	1	782.0445369	782.0445369	320.31	<.0001
a	2	222.8406382	111.4203191	45.64	<.0001

Parameter	Estimate		Standard Error	t Value	Pr > |t|
Intercept	2.013485587	B	3.38316481	0.60	0.5584
x	1.151547266		0.06434228	17.90	<.0001
a 1	-2.223452734	B	0.78391372	-2.84	0.0102
a 2	-8.780547902	B	0.92253935	-9.52	<.0001
a 3	0.000000000	B			

Note: The X'X matrix has been found to be singular, and a generalized inverse was used to solve the normal equations. Terms whose estimates are followed by the letter 'B' are not uniquely estimable.

The GLM Procedure

Dependent Variable: y

Source	DF	Sum of Squares	Mean Square	F Value	Pr > F
Model	3	842.7945369	280.9315123	115.06	<.0001
Error	20	48.8304631	2.4415232		
Corrected Total	23	891.6250000			

R-Square	Coeff Var	Root MSE	y Mean
0.945234	2.577381	1.562537	60.62500

Source	DF	Type I SS	Mean Square	F Value	Pr > F
x	1	619.9538987	619.9538987	253.92	<.0001
a	2	222.8406382	111.4203191	45.64	<.0001

The GLM Procedure
Least Squares Means

a	y LSMEAN	Standard Error	Pr > |t|	LSMEAN Number
1	62.0695475	0.5897494	<.0001	1
2	55.5124523	0.6531899	<.0001	2
3	64.2930002	0.5704207	<.0001	3

Least Squares Means for effect a
Pr > \|t\| for H0: LSMean(i)=LSMean(j)

Dependent Variable: y

i/j	1	2	3
1		<.0001	0.0102
2	<.0001		<.0001
3	0.0102	<.0001	

图 6-3 单向分组资料协方差分析程式运行主要结果界面

二、双向分组数据资料协方差分析

例 6-4：表 6-2 是研究施肥期和施肥量对杂交水稻南优 3 号结实率影响的部分试验结果，共 14 处理 2 区组，随机区组设计。颖花数与结实率具有回归关系，因而试验中同时观测颖花数 x 和结实率 y。试对下表资料作协方差分析。

表 6-2　施肥期和施肥量对杂交水稻结实率的影响

处理	区组 1		区组 2	
	x	y	x	y
1	4.59	58	4.32	61
2	4.09	65	4.11	62
3	3.94	64	4.11	64
4	3.90	66	3.57	69
5	3.45	71	3.79	67
6	3.48	71	3.38	72
7	3.39	71	3.03	74
8	3.14	72	3.24	69
9	3.34	69	3.04	69
10	4.12	61	4.76	54
11	4.12	63	4.75	56
12	3.84	67	3.60	62
13	3.96	64	4.50	60
14	3.03	75	3.01	71

SAS 程式如下：

```
data zkb; do a=1 to 14;
do i=1 to 2;input x y @@;
output; end;end;
cards;
4.59 58 4.32 61
4.09 65 4.11 62
3.94 64 4.11 64
3.90 66 3.57 69
3.45 71 3.79 67
3.48 71 3.38 72
3.39 71 3.03 74
```

```
3.14 72 3.24 69
3.34 69 3.04 69
4.12 61 4.76 54
4.12 63 4.75 56
3.84 67 3.60 62
3.96 64 4.50 60
3.03 75 3.01 71
;
proc glm;class a i; model y=x a i/solution;
lsmeans a i/stderr pdiff;
run;
```

说明：

① 本程式适合于双因素处理组合无重复设计试验协方差统计分析。

② 本例将区组视作一个处理因素，而转化为双向资料。与单向资料相比，这里多考虑一种变异来源，本例就是区组变异来源，在总变异中扣除区组变异后就视同单向分组资料作协方差分析。

③ 本程式对随机区组设计试验作协方差分析时可以套用，套用程式时，注意 a、i 分别为处理水平数和区组数，依据具体情况对其及数据表作对应修改即可。

④ 其他说明同前述。

网页版运行主要结果如图 6-4 所示。

The GLM Procedure

Dependent Variable: y

Source	DF	Sum of Squares	Mean Square	F Value	Pr > F
Model	15	770.1052640	51.3403509	18.75	<.0001
Error	12	32.8590217	2.7382518		
Corrected Total	27	802.9642857			

R-Square	Coeff Var	Root MSE	y Mean
0.959078	2.508579	1.654766	65.96429

Source	DF	Type I SS	Mean Square	F Value	Pr > F
x	1	700.3503486	700.3503486	255.77	<.0001
a	13	54.8956661	4.2227435	1.54	0.2304
i	1	14.8592493	14.8592493	5.43	0.0381

Source	DF	Type III SS	Mean Square	F Value	Pr > F
x	1	49.60526399	49.60526399	18.12	0.0011
a	13	56.55227821	4.35017525	1.59	0.2154
i	1	14.85924929	14.85924929	5.43	0.0381

Parameter	Estimate		Standard Error	t Value	Pr > |t|
Intercept	95.50776837	B	5.64615966	16.92	<.0001
x	-7.69755815		1.80853029	-4.26	0.0011
a 1	-2.45400406	B	3.07790960	-0.80	0.4408
a 2	-1.18663720	B	2.55993979	-0.46	0.6513
a 3	-1.26395406	B	2.45801204	-0.51	0.6164
a 4	0.00375407	B	2.10008506	0.00	0.9986
a 5	0.61853489	B	1.97882118	0.31	0.7600
a 6	1.65599884	B	1.81330368	0.91	0.3791
a 7	0.96253605	B	1.69006717	0.57	0.5795
a 8	-1.19141512	B	1.68308568	-0.71	0.4925
a 9	-2.69141512	B	1.68308568	-1.60	0.1358
a 10	-4.56946743	B	3.05507058	-1.50	0.1606
a 11	-2.60795522	B	3.04747320	-0.86	0.4089
a 12	-3.11170930	B	2.08349104	-1.49	0.1611
a 13	-1.68595464	B	2.74353849	-0.61	0.5503
a 14	0.00000000	B			
i 1	1.47771445	B	0.63434976	2.33	0.0381
i 2	0.00000000	B			

The GLM Procedure
Least Squares Means

a	y LSMEAN	Standard Error	Pr > |t|	LSMEAN Number
1	64.7618308	1.7021938	<.0001	1
2	66.0291977	1.3123402	<.0001	2
3	65.9518808	1.2567546	<.0001	3
4	67.2195890	1.1719498	<.0001	4
5	67.8343698	1.2017183	<.0001	5
6	68.8718337	1.3230315	<.0001	6
7	68.1783709	1.5492201	<.0001	7
8	66.0244198	1.5731636	<.0001	8
9	64.5244198	1.5731636	<.0001	9
10	62.6463674	1.6825948	<.0001	10
11	64.6078797	1.6761085	<.0001	11
12	64.1041256	1.1737874	<.0001	12
13	65.5298802	1.4342006	<.0001	13
14	67.2158349	1.7933087	<.0001	14

Least Squares Means for effect a
Pr > |t| for H0: LSMean(i)=LSMean(j)

Dependent Variable: y

i/j	1	2	3	4	5	6	7	8	9	10	11	12	13	14
1		0.4889	0.5274	0.2658	0.1953	0.1240	0.2449	0.6627	0.9344	0.2253	0.9274	0.7620	0.6602	0.4408
2	0.4889		0.9636	0.5167	0.3531	0.1910	0.3702	0.9984	0.5312	0.0795	0.4356	0.3038	0.7702	0.6513
3	0.5274	0.9636		0.4792	0.3187	0.1648	0.3349	0.9747	0.5360	0.0939	0.4728	0.3103	0.8077	0.6164
4	0.2658	0.5167	0.4792		0.7188	0.3622	0.6244	0.5465	0.1870	0.0491	0.2339	0.0842	0.3868	0.9986
5	0.1953	0.3531	0.3187	0.7188		0.5508	0.8527	0.3418	0.0953	0.0377	0.1711	0.0447	0.2691	0.7600
6	0.1240	0.1910	0.1648	0.3622	0.5508		0.6908	0.1219	0.0259	0.0266	0.1084	0.0177	0.1543	0.3791
7	0.2449	0.3702	0.3349	0.6244	0.8527	0.6908		0.2176	0.0475	0.0692	0.2209	0.0526	0.3062	0.5795
8	0.6627	0.9984	0.9747	0.5465	0.3418	0.1219	0.2176		0.3825	0.2511	0.6214	0.3351	0.8468	0.4925
9	0.9344	0.5312	0.5360	0.1870	0.0953	0.0259	0.0475	0.3825		0.5153	0.9767	0.8297	0.6952	0.1358
10	0.2253	0.0795	0.0939	0.0491	0.0377	0.0266	0.0692	0.2511	0.5153		0.2588	0.5019	0.1152	0.1606
11	0.9274	0.4356	0.4728	0.2339	0.1711	0.1084	0.2209	0.6214	0.9767	0.2588		0.8145	0.5966	0.4089
12	0.7620	0.3038	0.3103	0.0842	0.0447	0.0177	0.0526	0.3351	0.8297	0.5019	0.8145		0.4662	0.1611
13	0.6602	0.7702	0.8077	0.3868	0.2691	0.1543	0.3062	0.8468	0.6952	0.1152	0.5966	0.4662		0.5503
14	0.4408	0.6513	0.6164	0.9986	0.7600	0.3791	0.5795	0.4925	0.1358	0.1606	0.4089	0.1611	0.5503	

Note: To ensure overall protection level, only probabilities associated with pre-planned comparisons should be used.

i	y LSMEAN	Standard Error	H0:LSMEAN=0 Pr > |t|	H0:LSMean1=LSMean2 Pr > |t|
1	66.7031429	0.4454151	<.0001	0.0381
2	65.2254285	0.4454151	<.0001	

图 6-4　双向分组资料协方差分析程式运行主要结果界面

第三节　多元线性回归与相关性分析

一、多元线性回归分析

例 6-5：在农作物害虫发生趋势的预报研究中，所涉及的 5 个自变量及因变量的 16 组观测数据如表 6-3 所示。试建立多元线性回归方程。

表 6-3　5 个自变量及因变量观测值

i	x_{1i}	x_{2i}	x_{3i}	x_{4i}	x_{5i}	y_i
1	9.200	2.732	1.471	0.332	1.138	1.155
2	9.100	3.732	1.820	0.112	0.828	1.146
3	8.600	4.882	1.827	0.383	2.131	1.841
4	10.223	3.968	1.587	0.181	1.349	1.356
5	5.600	3.732	1.841	0.297	1.815	0.863
6	5.367	4.236	1.873	0.063	1.352	0.903
7	6.133	3.146	1.987	0.280	1.647	0.114
8	8.200	4.646	1.615	0.379	4.565	0.898
9	8.800	4.378	1.543	0.744	2.073	1.930
10	7.600	3.864	1.599	0.342	2.423	1.104
11	9.700	4.378	1.691	0.225	1.522	1.34703

i	x_{1i}	x_{2i}	x_{3i}	x_{4i}	x_{5i}	y_i
12	8.367	5.095	1.807	0.439	2.281	1.763
13	12.167	4.894	1.728	0.126	1.581	1.636
14	10.267	3.732	1.612	0.109	1.198	1.467
15	8.900	4.472	1.880	0.079	0.795	0.919
16	8.233	5.278	1.730	0.303	3.069	1.515

SAS 程式如下：

```
data zkb;input x1-x5 y @@;
cards;
9.200     2.732     1.471     0.332     1.138     1.155
9.100     3.732     1.820     0.112     0.828     1.146
8.600     4.882     1.827     0.383     2.131     1.841
10.223    3.968     1.587     0.181     1.349     1.356
5.600     3.732     1.841     0.297     1.815     0.863
5.367     4.236     1.873     0.063     1.352     0.903
6.133     3.146     1.987     0.280     1.647     0.114
8.200     4.646     1.615     0.379     4.565     0.898
8.800     4.378     1.543     0.744     2.073     1.930
7.600     3.864     1.599     0.342     2.423     1.104
9.700     4.378     1.691     0.225     1.522     1.34703
8.367     5.095     1.807     0.439     2.281     1.763
12.167    4.894     1.728     0.126     1.581     1.636
10.267    3.732     1.612     0.109     1.198     1.467
8.900     4.472     1.880     0.079     0.795     0.919
8.233     5.278     1.730     0.303     3.069     1.515
;
proc reg; model y=x1-x5/xpx i;
run;
```

说明：

① 与一元线性回归分析相比，程式结构一样，仅数据步自变量为多个，过程步的 model 后面自变量也相应为多个。套用程式时，此两处和数据表一起相应改动即可。数据步输入数据时必须按照 input 后面变量的排列顺序成组输入到

数据表。

② 下面结果中，注意看回归方程显著性分析表，若概率值小于 0.05 则回归方程显著。还应看各自变量引入回归方程的显著性，概率值小于 0.05 则为显著，否则可以考虑从回归方程中剔除，重新作剔除后的多元线性回归分析。

③ 在回归方程显著性分析表的下方出现 R-square 值，此即为自变量和依变量的复相关系数的平方，是一个重要统计参数。

网页版运行主要结果如图 6-5 所示。

Analysis of Variance

Source	DF	Sum of Squares	Mean Square	F Value	Pr > F
Model	5	2.78496	0.55699	13.52	0.0004
Error	10	0.41203	0.04120		
Corrected Total	15	3.19699			

Root MSE	0.20299	R-Square	0.8711
Dependent Mean	1.24731	Adj R-Sq	0.8067
Coeff Var	16.27386		

Parameter Estimates

Variable	DF	Parameter Estimate	Standard Error	t Value	Pr > |t|
Intercept	1	1.66569	1.22031	1.36	0.2022
x1	1	0.02614	0.04735	0.55	0.5931
x2	1	0.56262	0.11268	4.99	0.0005
x3	1	-1.58785	0.59715	-2.66	0.0239
x4	1	1.03037	0.38621	2.67	0.0236
x5	1	-0.29343	0.08388	-3.50	0.0057

图 6-5　多元线性回归分析程式运行主要结果界面

二、多元逐步线性回归分析

例 6-6：将上述例题改作逐步线性回归分析。

SAS 程式如下：

```
data zkb;input x1-x5 y @@;
cards;
```

9.200	2.732	1.471	0.332	1.138	1.155
9.100	3.732	1.820	0.112	0.828	1.146
8.600	4.882	1.827	0.383	2.131	1.841
10.223	3.968	1.587	0.181	1.349	1.356
5.600	3.732	1.841	0.297	1.815	0.863
5.367	4.236	1.873	0.063	1.352	0.903
6.133	3.146	1.987	0.280	1.647	0.114
8.200	4.646	1.615	0.379	4.565	0.898
8.800	4.378	1.543	0.744	2.073	1.930
7.600	3.864	1.599	0.342	2.423	1.104
9.700	4.378	1.691	0.225	1.522	1.34703

8.367	5.095	1.807	0.439	2.281	1.763
12.167	4.894	1.728	0.126	1.581	1.636
10.267	3.732	1.612	0.109	1.198	1.467
8.900	4.472	1.880	0.079	0.795	0.919
8.233	5.278	1.730	0.303	3.069	1.515

```
;
proc reg; model y=x1-x5/selection=stepwise;
run;
```

说明：

① 本程式与上述多元线性回归分析程式的不同点在于过程步 model 的效应后面接 selection=stepwise，表示作逐步线性回归分析，在程式的套用上，其余方面同上述。

② 下述结果阅读中，注意看变量的引入和剔除过程，剔除的变量是在当时环节显著性概率大于 0.15。

③ 最后得到的是最优多元线性回归方程，该方程中的变量均显著，且相互间不相关。

④ 结果的每一步回归方程分析表上方输出 C_p 值，为信息量，该值越接近 4，方程越合理。

网页版运行主要结果如图 6-6 和图 6-7 所示。

The REG Procedure
Model: MODEL1
Dependent Variable: y

Number of Observations Read	16
Number of Observations Used	16

Variable	Parameter Estimate	Standard Error	Type II SS	F Value	Pr > F
Intercept	-0.04353	0.49464	0.00117	0.01	0.9311
x1	0.15136	0.05686	1.07423	7.08	0.0186

Bounds on condition number: 1, 1

Stepwise Selection: Step 1

Variable x1 Entered: R-Square = 0.3360 and C(p) = 39.5192

Analysis of Variance					
Source	DF	Sum of Squares	Mean Square	F Value	Pr > F
Model	1	1.07423	1.07423	7.08	0.0186
Error	14	2.12277	0.15163		
Corrected Total	15	3.19699			

Stepwise Selection: Step 2

Variable x2 Entered: R-Square = 0.5493 and C(p) = 24.9709

Analysis of Variance					
Source	DF	Sum of Squares	Mean Square	F Value	Pr > F
Model	2	1.75607	0.87803	7.92	0.0056
Error	13	1.44092	0.11084		
Corrected Total	15	3.19699			

图 6-6　多元逐步线性回归分析程式运行主要结果页面 1

Variable	Parameter Estimate	Standard Error	Type II SS	F Value	Pr > F
Intercept	-1.12886	0.60856	0.38139	3.44	0.0864
x1	0.12503	0.04976	0.69974	6.31	0.0260
x2	0.31202	0.12580	0.68184	6.15	0.0276

Bounds on condition number: 1.0476, 4.1906

Stepwise Selection: Step 3

Variable x4 Entered: R-Square = 0.6946 and C(p) = 15.6979

Analysis of Variance					
Source	DF	Sum of Squares	Mean Square	F Value	Pr > F
Model	3	2.22056	0.74019	9.10	0.0020
Error	12	0.97643	0.08137		
Corrected Total	15	3.19699			

Variable	Parameter Estimate	Standard Error	Type II SS	F Value	Pr > F
Intercept	-1.36400	0.53062	0.53767	6.61	0.0245
x1	0.14177	0.04321	0.87593	10.76	0.0066
x2	0.26593	0.10950	0.47991	5.90	0.0318
x4	1.04112	0.43576	0.46449	5.71	0.0342

Bounds on condition number: 1.0812, 9.6174

Stepwise Selection: Step 4

Variable x5 Entered: R-Square = 0.7800 and C(p) = 11.0707

Analysis of Variance					
Source	DF	Sum of Squares	Mean Square	F Value	Pr > F
Model	4	2.49362	0.62341	9.75	0.0013
Error	11	0.70337	0.06394		
Corrected Total	15	3.19699			

Variable	Parameter Estimate	Standard Error	Type II SS	F Value	Pr > F
Intercept	-1.41943	0.47115	0.58037	9.08	0.0118
x1	0.11893	0.03987	0.56909	8.90	0.0124
x2	0.38340	0.11249	0.74280	11.62	0.0058
x4	1.46170	0.43662	0.71664	11.21	0.0065
x5	-0.19265	0.09322	0.27306	4.27	0.0632

Bounds on condition number: 1.8089, 23.065

Stepwise Selection: Step 5

Variable x3 Entered: R-Square = 0.8711 and C(p) = 6.0000

Analysis of Variance					
Source	DF	Sum of Squares	Mean Square	F Value	Pr > F
Model	5	2.78496	0.55699	13.52	0.0004
Error	10	0.41203	0.04120		
Corrected Total	15	3.19699			

Variable	Parameter Estimate	Standard Error	Type II SS	F Value	Pr > F
Intercept	1.66569	1.22031	0.07677	1.86	0.2022
x1	0.02614	0.04735	0.01256	0.30	0.5931
x2	0.56252	0.11268	1.02724	24.93	0.0005
x3	-1.58785	0.59715	0.29134	7.07	0.0239
x4	1.03037	0.38621	0.29328	7.12	0.0236
x5	-0.29343	0.08388	0.50416	12.24	0.0057

Bounds on condition number: 2.707, 57.095

Stepwise Selection: Step 6

Variable x1 Removed: R-Square = 0.8672 and C(p) = 4.3047

Analysis of Variance					
Source	DF	Sum of Squares	Mean Square	F Value	Pr > F
Model	4	2.77240	0.69310	17.96	<.0001
Error	11	0.42459	0.03860		
Corrected Total	15	3.19699			

Variable	Parameter Estimate	Standard Error	Type II SS	F Value	Pr > F
Intercept	2.20682	0.70346	0.37986	9.84	0.0095
x2	0.60135	0.08535	1.91627	49.65	<.0001
x3	-1.83080	0.39063	0.84787	21.97	0.0007
x4	0.96325	0.35479	0.28451	7.37	0.0201
x5	-0.31658	0.07031	0.78265	20.28	0.0009

Bounds on condition number: 1.7044, 23.164

All variables left in the model are significant at the 0.1500 level.

No other variable met the 0.1500 significance level for entry into the model.

Summary of Stepwise Selection								
Step	Variable Entered	Variable Removed	Number Vars In	Partial R-Square	Model R-Square	C(p)	F Value	Pr > F
1	x1		1	0.3360	0.3360	39.5192	7.08	0.0186
2	x2		2	0.2133	0.5493	24.9709	6.15	0.0276
3	x4		3	0.1453	0.6946	15.6979	5.71	0.0342
4	x5		4	0.0854	0.7800	11.0707	4.27	0.0632
5	x3		5	0.0911	0.8711	6.0000	7.07	0.0239
6		x1	4	0.0039	0.8672	4.3047	0.30	0.5931

图 6-7 多元逐步线性回归分析程式运行主要结果页面 2

三、多元线性相关性分析

多元线性相关系数包括简单相关系数、偏相关系数和复相关系数 3 种。其中简单相关系数对多元统计变量没有实际应用意义,仅供参考,因而多元统计分析中,有时根本不需计算。复相关系数和偏相关系数经常用于多元线性相关性的统计分析。复相关系数在多元线性回归分析中一并计算，前述程序能求 y 与其他自变量之间的复相关系数。此处介绍在多个变量中，应用 SAS 软件计算和分析任意一个变量与其他所有变量间的复相关系数、任意两个变量间的偏相关系数和所有变量两两间的简单相关系数。

例 6-7：甘薯实生苗栽培试验中块重 x_1（g）、块根粗 x_2（cm）、单株结薯数 x_3 及单株产量 y（g）的 12 组观察值如 SAS 程式数据表。试求三种相关系数。

SAS 程式如下：

```
data zkb;input x1-x3 y @@;
cards;
4.0 7.25 4.7 416.7 4.0 7.25 3.3 75.0
4.5 8.5 6.7 91.7 4.0 5.7 4.4 166.7
6.0 9.0 2.0 25.0 0.5 4.25 2.0 25.0
0.5 4.0 2.5 75.0 2.0 6.0 3.0 50.0
2.0 5.0 3.7 166.7 0.5 4.0 3.0 50.0
1.0 4.0 2.5 75.0 2.0 7.0 5.0 300.0
;
proc corr ;var x1-x3 y;
proc corr nosimple; var x1 y; partial x2 x3;
proc corr nosimple; var x2 y; partial x1 x3;
proc corr nosimple; var x3 y; partial x1 x2;
proc corr nosimple; var x1 x2; partial x3 y;
proc corr nosimple; var x1 x3; partial x2 y;
proc corr nosimple; var x3 x2; partial x1 y;
proc reg; model x1=x2-x3 y;model x2=x1 x3 y;
model x3=x1 x2 y;model y=x1-x3;
run;
```

说明：

① "proc corr;var x1-x3 y;"在不需要简单相关系数时可以省略。

② 根据实际需要，不需要求出的偏相关系数，有关求相关系数语句可以减少，只列出需要求得的偏相关系数所在语句即可，如本例若只需要 x_i 与 y 的偏相关系数，则可以去掉不同 x_i 间偏相关系数计算的语句。

③ 复相关系数的计算也可以依据需要取舍而去掉有关语句。

④ 本例求出所有的相关系数。

⑤ 其他有关事项类同前述。

⑥ 套用程式时注意按照上述说明灵活变通。

网页版运行主要结果如图 6-8 所示。

Pearson Correlation Coefficients, N = 12
Prob > |r| under H0: Rho=0

	x1	x2	x3	y
x1	1.00000	0.90741 <.0001	0.37710 0.2269	0.18784 0.5588
x2	0.90741 <.0001	1.00000	0.48217 0.1124	0.23759 0.4571
x3	0.37710 0.2269	0.48217 0.1124	1.00000	0.55669 0.0601
y	0.18784 0.5588	0.23759 0.4571	0.55669 0.0601	1.00000

The CORR Procedure

2 Partial Variables:	x2 x3
2 Variables:	x1 y

Pearson Partial Correlation Coefficients, N = 12
Prob > |r| under H0: Partial Rho=0

	x1	y
x1	1.00000	0.02051 0.9551
y	0.02051 0.9551	1.00000

The CORR Procedure

2 Partial Variables:	x1 x2
2 Variables:	x3 y

Pearson Partial Correlation Coefficients, N = 12
Prob > |r| under H0: Partial Rho=0

	x3	y
x3	1.00000	0.51658 0.1263
y	0.51658 0.1263	1.00000

The CORR Procedure

2 Partial Variables:	x2 y
2 Variables:	x1 x3

Pearson Partial Correlation Coefficients, N = 12
Prob > |r| under H0: Partial Rho=0

	x1	x3
x1	1.00000	-0.15110 0.6769
x3	-0.15110 0.6769	1.00000

The CORR Procedure

2 Partial Variables:	x1 x3
2 Variables:	x2 y

Pearson Partial Correlation Coefficients, N = 12
Prob > |r| under H0: Partial Rho=0

	x2	y
x2	1.00000	-0.03730 0.9185
y	-0.03730 0.9185	1.00000

The CORR Procedure

2 Partial Variables:	x3 y
2 Variables:	x1 x2

Pearson Partial Correlation Coefficients, N = 12
Prob > |r| under H0: Partial Rho=0

	x1	x2
x1	1.00000	0.89419 0.0005
x2	0.89419 0.0005	1.00000

The CORR Procedure

2 Partial Variables:	x1 y
2 Variables:	x3 x2

Pearson Partial Correlation Coefficients, N = 12
Prob > |r| under H0: Partial Rho=0

	x3	x2
x3	1.00000	0.32701 0.3564
x2	0.32701 0.3564	1.00000

The REG Procedure
Model: MODEL1
Dependent Variable: x1

Number of Observations Read	12
Number of Observations Used	12

Analysis of Variance

Source	DF	Sum of Squares	Mean Square	F Value	Pr > F
Model	3	31.40328	10.46776	12.86	0.0020
Error	8	6.51338	0.81417		
Corrected Total	11	37.91667			

Root MSE	0.90232	R-Square	0.8282
Dependent Mean	2.58333	Adj R-Sq	0.7638
Coeff Var	34.92833		

The REG Procedure
Model: MODEL3
Dependent Variable: x3

Number of Observations Read	12
Number of Observations Used	12

Analysis of Variance

Source	DF	Sum of Squares	Mean Square	F Value	Pr > F
Model	3	9.84845	3.28282	2.20	0.1653
Error	8	11.91821	1.48978		
Corrected Total	11	21.76667			

Root MSE	1.22056	R-Square	0.4525
Dependent Mean	3.56667	Adj R-Sq	0.2471
Coeff Var	34.22142		

图 6-8

Parameter Estimates					
Variable	DF	Parameter Estimate	Standard Error	t Value	Pr > |t|
Intercept	1	-2.89659	0.99131	-2.92	0.0192
x2	1	0.97707	0.17295	5.65	0.0005
x3	1	-0.11170	0.25837	-0.43	0.6769
y	1	0.00015820	0.00273	0.06	0.9551

The REG Procedure
Model: MODEL2
Dependent Variable: x2

Number of Observations Read	12
Number of Observations Used	12

Analysis of Variance					
Source	DF	Sum of Squares	Mean Square	F Value	Pr > F
Model	3	30.07200	10.02400	14.70	0.0013
Error	8	5.45529	0.68191		
Corrected Total	11	35.52729			

Root MSE	0.82578	R-Square	0.8464
Dependent Mean	5.99583	Adj R-Sq	0.7889
Coeff Var	13.77255		

Parameter Estimates					
Variable	DF	Parameter Estimate	Standard Error	t Value	Pr > |t|
Intercept	1	3.12597	0.69282	4.51	0.0020
x1	1	0.81834	0.14486	5.65	0.0005
x3	1	0.22124	0.22605	0.98	0.3564
y	1	-0.00026329	0.00249	-0.11	0.9185

Parameter Estimates					
Variable	DF	Parameter Estimate	Standard Error	t Value	Pr > |t|
Intercept	1	0.51542	1.91937	0.27	0.7951
x1	1	-0.20439	0.47276	-0.43	0.6769
x2	1	0.48334	0.49385	0.98	0.3564
y	1	0.00539	0.00316	1.71	0.1263

The REG Procedure
Model: MODEL4
Dependent Variable: y

Number of Observations Read	12
Number of Observations Used	12

Analysis of Variance					
Source	DF	Sum of Squares	Mean Square	F Value	Pr > F
Model	3	49526	16509	1.21	0.3681
Error	8	109501	13688		
Corrected Total	11	159027			

Root MSE	116.99389	R-Square	0.3114
Dependent Mean	126.40000	Adj R-Sq	0.0532
Coeff Var	92.55846		

Parameter Estimates					
Variable	DF	Parameter Estimate	Standard Error	t Value	Pr > |t|
Intercept	1	-25.38746	184.58569	-0.14	0.8940
x1	1	2.65962	45.83197	0.06	0.9551
x2	1	-5.28484	50.05552	-0.11	0.9185
x3	1	49.51509	29.01707	1.71	0.1263

图 6-8　多元线性相关分析程式运行主要结果界面

第四节　两组变量的典型相关性分析

例 6-8：棉花红铃虫第一代发蛾高峰日 y_1（元月 1 日至发蛾高峰日的天数）、第一代累计百株卵量 y_2（粒/百株），发蛾高峰日百株取卵量 y_3（粒/百株）及 2 月下旬至 3 月中旬平均气温 x_1（℃）、1 月下旬至 3 月上旬的日照小时累计数的常用对数 x_2 的 16 组观测数据如表 6-4 所示。试作 x_1、x_2 和 y_1、y_2、y_3 的典型相关分析。

表6-4 棉花红铃虫、x_1、x_2与y_1、y_2、y_3之间的典型相关资料

i	x_{1i}	x_{2i}	y_{1i}	y_{2i}	y_{3i}
1	9.200	2.014	186	46.3	14.3
2	9.100	2.170	169	30.7	14.0
3	8.600	2.258	171	144.6	69.3
4	10.233	2.206	171	69.2	22.7
5	5.600	2.067	181	16.0	7.3
6	5.367	2.197	171	12.3	8.0
7	6.133	2.170	174	2.7	1.3
8	8.200	2.100	172	26.3	7.9
9	8.800	1.983	186	247.1	85.2
10	7.600	2.146	176	47.7	12.7
11	9.700	2.074	176	53.6	25.3
12	8.367	2.102	172	137.6	58.0
13	12.167	2.284	176	118.9	43.3
14	10.267	2.242	161	62.7	29.3
15	8.900	2.283	171	26.2	8.3
16	8.233	2.068	172	123.9	32.7

SAS 程式如下：

data zkb;input x1 x2 y1-y3 @@;

cards;

```
9.200    2.014    186    46.3     14.3

9.100    2.170    169    30.7     14.0

8.600    2.258    171    144.6    69.3

10.233   2.206    171    69.2     22.7

5.600    2.067    181    16.0     7.3

5.367    2.197    171    12.3     8.0

6.133    2.170    174    2.7      1.3

8.200    2.100    172    26.3     7.9

8.800    1.983    186    247.1    85.2

7.600    2.146    176    47.7     12.7

9.700    2.074    176    53.6     25.3

8.367    2.102    172    137.6    58.0

12.167   2.284    176    118.9    43.3
```

```
10.267   2.242   161   62.7    29.3
8.900    2.283   171   26.2     8.3
8.233    2.068   172   123.9   32.7
;
proc cancorr;var x1 x2;with y1-y3;
run;
```

说明：

① 套用本程式时，修改 input 后的变量表和相应的数据表即可。

② 过程步 var 和 with 语句要求变量较少者在 var 后，较多者在 with 后；且 var 语句在 with 语句前面。

③ 结果阅读中，注意读清楚所有典型相关系数及其显著性，以及各对典型变量。

④ 典型变量的取舍：各对典型变量的相关系数显著性测验，显著则该对保留；典型相关系数是否能作出实际解释，一般对数越少越好解释，若只能保留一对典型变量且能反映足够多的相关成分最宜。

本例结果表明第一对典型变量的相关系数在 0.10 水平上显著，第二对典型变量的相关系数不显著，因而保留第一对。其为：$U_1=-0.2926x_1+1.0399x_2$，$V_1=-0.7383y_1-1.4019y_2+1.1452y_3$。而 U_1 主要与 x_2 相关，V_1 主要与 y_2 和 y_3 相关，因此，本例说明两组变量中主要是 x_2 与 y_2、y_3 相关。

网页版运行主要结果如图6-9所示。

The CANCORR Procedure
Canonical Correlation Analysis

| | Canonical Correlation | Adjusted Canonical Correlation | Approximate Standard Error | Squared Canonical Correlation | Eigenvalues of inv(E)'H = CanRsq/(1-CanRsq) | | | | Test of H0: The canonical correlations in the current row and all that follow are zero | | | | |
					Eigenvalue	Difference	Proportion	Cumulative	Likelihood Ratio	Approximate F Value	Num DF	Den DF	Pr > F
1	0.730372	0.665244	0.120464	0.533444	1.1434	0.8822	0.8140	0.8140	0.36993496	2.36	6	22	0.0651
2	0.455076	0.443416	0.204727	0.207094	0.2612		0.1860	1.0000	0.79290553	1.57	2	12	0.2485

Multivariate Statistics and F Approximations
S=2 M=0 N=4.5

Statistic	Value	F Value	Num DF	Den DF	Pr > F
Wilks' Lambda	0.36993496	2.36	6	22	0.0651
Pillai's Trace	0.74053831	2.35	6	24	0.0628
Hotelling-Lawley Trace	1.40454900	2.49	6	13.032	0.0792
Roy's Greatest Root	1.14336471	4.57	3	12	0.0234

NOTE: F Statistic for Roy's Greatest Root is an upper bound.
NOTE: F Statistic for Wilks' Lambda is exact.

The CANCORR Procedure
Canonical Correlation Analysis

Raw Canonical Coefficients for the VAR Variables

	V1	V2
x1	-0.165449183	0.5642206948
x2	11.067849089	0.0782834984

Raw Canonical Coefficients for the WITH Variables

	W1	W2
y1	-0.117633192	-0.100466028
y2	-0.021429258	0.0236134389
y3	0.0464514208	-0.023100612

The CANCORR Procedure
Canonical Correlation Analysis

Standardized Canonical Coefficients for the VAR Variables

	V1	V2
x1	-0.2926	0.9980
x2	1.0399	0.0074

Standardized Canonical Coefficients for the WITH Variables

	W1	W2
y1	-0.7383	-0.6306
y2	-1.4019	1.5448
y3	1.1452	-0.5695

The CANCORR Procedure

Canonical Structure

Correlations Between the VAR Variables and Their Canonical Variables		
	V1	V2
x1	-0.0071	1.0000
x2	0.9596	0.2814

Correlations Between the VAR Variables and the Canonical Variables of the WITH Variables		
	W1	W2
x1	-0.0052	0.4551
x2	0.7009	0.1281

Correlations Between the WITH Variables and Their Canonical Variables		
	W1	W2
y1	-0.9242	-0.3043
y2	-0.5012	0.8216
y3	-0.3362	0.8095

Correlations Between the WITH Variables and the Canonical Variables of the VAR Variables		
	V1	V2
y1	-0.6750	-0.1385
y2	-0.3661	0.3739
y3	-0.2455	0.3684

图 6-9　典型性相关分析程式运行主要结果界面

第五节　一元非线性回归分析

一、一元多项式回归分析

例 6-9：测定小麦田孕穗期的叶面积指数 x 和每亩籽粒的产量 y（kg）的关系，得观测值如表 6-5 所示，试建立多项式回归方程。

表 6-5　小麦叶面积指数与产量资料

x	y
3.37	349
4.12	374
4.87	388
5.62	395
6.37	401
7.12	397
7.87	384

SAS 程式如下：

```
data zkb;input x y @@;
x1=x;x2=x**2;x3=x**3;
x4=x**4;
cards;
3.37 349 4.12 374 4.87 388
5.62 395 6.37 401 7.12 397
7.87 384
;
proc reg; model y=x1-x2;
```

```
proc reg; model y=x1-x3;
proc reg; model y=x1-x4;
run;
```

说明：

① 数据步 x 指数可以自由设定，一般设定后，根据分析结果再决定是否需要设定更高指数。若当前设定的最高指数下，回归方程是最优的，即说明需要再设定更高指数，看是否还有更优化的方程，直到出现某一指数下 Pr＞F 的概率值升高为止。

② 过程步中 reg 过程运行多次，从 2 次方程到数据步设定的最高指数次方程分别拟合，从中选出最优方程。

③ 结果判读时，以回归方程显著性测验中，Pr＞F 的概率最小者为最优。

网页版运行主要结果如图 6-10 所示。

The REG Procedure
Model: MODEL1
Dependent Variable: y

Number of Observations Read	7
Number of Observations Used	7

Analysis of Variance

Source	DF	Sum of Squares	Mean Square	F Value	Pr > F
Model	2	1907.28571	953.64286	300.02	<.0001
Error	4	12.71429	3.17857		
Corrected Total	6	1920.00000			

Root MSE	1.78285	R-Square	0.9934
Dependent Mean	384.00000	Adj R-Sq	0.9901
Coeff Var	0.46429		

Parameter Estimates

Variable	DF	Parameter Estimate	Standard Error	t Value	Pr > |t|
Intercept	1	165.03533	10.47565	15.75	<.0001
x1	1	74.89270	3.91292	19.14	<.0001
x2	1	-5.96825	0.34582	-17.26	<.0001

The REG Procedure
Model: MODEL1
Dependent Variable: y

Number of Observations Read	7
Number of Observations Used	7

Analysis of Variance

Source	DF	Sum of Squares	Mean Square	F Value	Pr > F
Model	3	1907.45238	635.81746	152.02	0.0009
Error	3	12.54762	4.18254		
Corrected Total	6	1920.00000			

Root MSE	2.04513	R-Square	0.9935
Dependent Mean	384.00000	Adj R-Sq	0.9869
Coeff Var	0.53258		

Root MSE	2.04513	R-Square	0.9935
Dependent Mean	384.00000	Adj R-Sq	0.9869
Coeff Var	0.53258		

Parameter Estimates

Variable	DF	Parameter Estimate	Standard Error	t Value	Pr > |t|
Intercept	1	175.26582	52.63974	3.33	0.0447
x1	1	68.91306	30.28949	2.28	0.1074
x2	1	-4.85813	5.57531	-0.87	0.4477
x3	1	-0.06584	0.32984	-0.20	0.8545

The REG Procedure
Model: MODEL1
Dependent Variable: y

Number of Observations Read	7
Number of Observations Used	7

Analysis of Variance

Source	DF	Sum of Squares	Mean Square	F Value	Pr > F
Model	4	1917.32900	479.33225	358.92	0.0028
Error	2	2.67100	1.33550		
Corrected Total	6	1920.00000			

Root MSE	1.15564	R-Square	0.9986
Dependent Mean	384.00000	Adj R-Sq	0.9958
Coeff Var	0.30095		

Parameter Estimates

Variable	DF	Parameter Estimate	Standard Error	t Value	Pr > |t|
Intercept	1	-212.61829	145.70134	-1.46	0.2819
x1	1	372.15977	112.81580	3.30	0.0809
x2	1	-90.82328	31.76771	-2.86	0.1037
x3	1	10.42987	3.86398	2.70	0.1142
x4	1	-0.46689	0.17169	-2.72	0.1128

图 6-10　一元多项式回归分析程式运行主要结果界面

二、Logistic 曲线方程的配置

例 6-10：测定水稻品种 IR72 籽粒开花后不同天数下的平均单粒重（y，mg），得结果如表 6-6 所示。试用 Logistic 方程描述籽粒重与开花天数的关系。

表 6-6　单粒重与天数资料

x	0	3	6	9	12	15	18	21	24
y	0.30	0.72	3.31	9.71	13.09	16.85	17.79	18.23	18.43

先计算 k：$k = \dfrac{y_2^2(y_1 + y_3) - 2y_1y_2y_3}{y_2^2 - y_1y_3} = 18.4816$

SAS 程式如下：

```
data zkb; input x y @@; k=18.4816;ly=0.5*log(((k-y)/y)**2);
cards;
0 0.30 3 0.72 6 3.31 9 9.71 12 13.09 15 16.85 18 17.79
21 18.23 24 18.43
;
proc reg; model ly=x;run;
```

说明：

① 先计算 k，在数据对中，找符合 $x_{n-1} + x_{n+1} = 2x_n$ 的数据对，按照：$k = \dfrac{y_n^2(y_{n-1} + y_{n+1}) - 2y_{n-1}y_ny_{n+1}}{y_n^2 - y_{n-1}y_{n+1}}$ 求出 k 值，再编程求线性化后的方程。

② 套用上述程式时，注意依据实际数据修改 k 值和数据表。

③ 对程式输出线性回归方程结果需要变形到 Logistic 方程形式，程式输出结果为 ly=lna−bx 形式，那么从方程中可以直接读出 b 值，而 a 值需要按照 $a = e^{\ln a}$ 加以换算，由于 k 在编程之前已经计算，所以可以写出 Logistic 方程：$y = \dfrac{k}{1 + ae^{-bx}}$。

网页版运行主要结果如图 6-11 所示。

The REG Procedure
Model: MODEL1
Dependent Variable: ly

Number of Observations Read	9
Number of Observations Used	9

图 6-11

Analysis of Variance					
Source	DF	Sum of Squares	Mean Square	F Value	Pr > F
Model	1	91.68361	91.68361	1250.50	<.0001
Error	7	0.51322	0.07332		
Corrected Total	8	92.19683			

Root MSE	0.27077	R-Square	0.9944
Dependent Mean	-0.87773	Adj R-Sq	0.9936
Coeff Var	-30.84900		

Parameter Estimates					
Variable	DF	Parameter Estimate	Standard Error	t Value	Pr > |t|
Intercept	1	4.06685	0.16643	24.44	<.0001
x	1	-0.41205	0.01165	-35.36	<.0001

图 6-11　Logistic 方程线性化回归分析程式运行主要结果页面

程式输出方程为：lny=4.06685−0.41205x，可知 b=0.41205，a=e^{lna}=e^{4.06685}=58.3728，而已经求过 k=18.4816，则 Logistic 方程为：$y=\dfrac{18.4816}{1+58.3728e^{-0.41205x}}$。

三、其他一元曲线回归分析

还有一些简单的一元曲线关系可以经直线化后作回归分析，求出一元曲线回归方程。常见的一元曲线回归方程的直线化方法如表 6-7 所示。

表 6-7　常见的一元曲线回归方程直线化方法

曲线关系	曲线回归方程一般形式	经尺度转换的新变数和新参数				转换后的直线回归方程
		y'=	x'=	a'=	b'=	
幂函数	y=ae^{bx} (a>0)	lny		lna		y'=a'+bx
	y=ab^x (a>0)				lnb	y'=a'+b'x
对数函数	y=a+blnx (x>0)		lnx			y'=a+bx'
指数函数	y=ax^b (a>0,b>0)	lny	lnx	lna		y'=a'+bx'
双曲线函数	y=x(a+bx)^{-1} (x≠−ab^{-1})	xy^{-1}				y'=a+bx
	y=(a+bx)x^{-1} (x≠0)	yx				
	y=(a+bx)^{-1} (x≠−ab^{-1})	y^{-1}				
Logistic 函数	y=k(1+ae^{-bx})^{-1} (a>0)	ln[(k−y)y^{-1}]		lna		y'=a'−bx

在 SAS 编程时，数据步用赋值语句完成尺度转换。在过程步中，model 语句指定求经尺度转换后的自变量和依变量的线性回归方程。程式输出线性回归方程结果后，对经尺度转换的变量一一还原，并代入各种一元曲线回归方程的一般形

式中，从而求得适宜的一元曲线回归方程。下面以一元指数曲线回归方程为例说明 SAS 软件的应用。

例 6-11：在光电比色计上测定每升溶液中叶绿素的质量（x，mg/L）和透光度（y）的关系，得结果如表 6-8 所示，试配置指数曲线方程。

表 6-8 叶绿素的毫克数与透光度资料

x	0	5	10	15	20	25	30	35	40	45	50	55	60	65	70	75	80	85
y	100	82	65	52	44	36	30	25	21	17	14	11	9	7.5	6	5	4	3.3

SAS 程式如下：

```
data zkb; input x y @@;
y1=log(y);
cards;
0 100 5 82.0 10 65.0 15 52.0 20 44.0
25 36.0 30 30.0 35 25.0 40 21.0 45 17.0
50 14.0 55 11.0 60 9.0 65 7.5 70 6.0
75 5.0 80 4.0 85 3.3
;
proc reg; model y1=x;
run;
```

说明：本程式套用时只需修改数据表即可。程式输出方程形式为：lny=lna+bx，因此只需求 a^{lna}，即可得到一元指数曲线回归方程的一般形式：$y=ae^{bx}$。

网页版运行结果如图 6-12 所示。

The REG Procedure
Model: MODEL1
Dependent Variable: y1

Number of Observations Read	18
Number of Observations Used	18

Analysis of Variance					
Source	DF	Sum of Squares	Mean Square	F Value	Pr > F
Model	1	19.21857	19.21857	34898.5	<.0001
Error	16	0.00881	0.00055070		
Corrected Total	17	19.22738			

图 6-12

Root MSE	0.02347	R-Square	0.9995
Dependent Mean	2.90186	Adj R-Sq	0.9995
Coeff Var	0.80869		

Parameter Estimates					
Variable	DF	Parameter Estimate	Standard Error	t Value	Pr > |t|
Intercept	1	4.59477	0.01062	432.78	<.0001
x	1	-0.03983	0.00021323	-186.81	<.0001

图 6-12　指数方程直线化回归分析程式运行结果界面

本例 $lny = 4.59477 - 0.03983x$，变形为：

$y = e^{4.59477 - 0.0398x} = e^{4.59477}e^{-0.03983x} = 98.985e^{-0.03985x}$。

思 考 题

1. 测得不同浓度的葡萄糖溶液［x/（mg/L）］在某光电比色计上的吸光度（y）如表 6-9 所示，求其一元线性回归方程和分析 x、y 的一元线性相关性。

2. 表 6-10 为江苏东台连续三年越冬代棉红铃虫化蛹进度的部分资料，试作协方差分析。

表 6-9　不同浓度葡萄糖溶液与吸光度值

x	0	5	10	15	20	25	30
y	0.00	0.11	0.23	0.34	0.46	0.57	0.71

表 6-10　越冬代棉红铃虫化蛹进度资料

日期 x （以 6 月 10 日为 0）	化蛹进度 y		
	第一年	第二年	第三年
5	17	24	22
8	24	35	32
11	35	41	42
14	48	52	53
17	58	61	59
20	65	70	66
23	72	79	75
26	75	82	82

3. 表6-11为玉米品比试验的每区株数（x）和产量（y）的资料，试作协方差分析，并计算矫正产量。

表6-11　玉米品种试验每区株数和产量的资料

	1		2		3		4	
	x	y	x	y	x	y	x	y
B	12	36	13	38	8	28	11	30
C	17	40	15	36	13	35	11	29
D	14	21	14	23	17	24	15	20
E	12	42	10	36	10	38	16	52

4. 江苏无锡连续12年测定一代三化螟高峰期(y，以4月30日为零)与1月份雨量（x_1，mm）、2月份雨量（x_2，mm）、3月上旬均温（x_3，℃）和3月中旬均温（x_4，℃）的关系，得结果如表6-12所示。试建立y依x_i的线性回归方程。

表6-12　一代三化螟高峰期与雨量和温度之间的关系

x_1	x_2	x_3	x_4	y
47.5	30.6	11.1	9.0	17
42.9	32.3	8.1	9.5	21
20.2	37.4	6.7	11.1	26
0.2	21.5	8.5	8.9	23
67.0	61.6	6.8	9.4	20
5.5	83.5	5.0	9.5	30
44.4	24.1	10.0	11.1	22
8.9	24.9	6.1	9.5	26
39.0	10.2	7.1	10.8	27
74.2	54.9	4.4	6.8	23
15.9	74.2	4.6	3.8	23
26.4	50.7	4.1	5.8	27

5. 将上述思考题4改为求最优多元线性回归方程，注意与思考题4比较结果。

6. 求表6-13数据资料三种相关系数。（南京11高产田每亩穗数x_1、每穗粒数x_2和产量y的关系。）

7. 某地区连续17年的春粮播种面积x_1（万亩）、化肥施用量x_2（50kg）、水稻抽穗花期降雨量x_3（10mm）、肥猪头数y_1（万头）、春粮产量y_2（50kg），数据如表6-14所示。试分析两组变量的相关性。

表 6-13 产量与穗数和每穗粒数之间的关系

x_1	x_2	y
26.7	73.4	504
31.3	59.0	480
30.4	65.9	526
33.9	58.2	511
34.6	64.6	549
33.8	64.6	552
30.4	62.1	496
27.0	71.4	473
33.3	64.5	537
30.4	64.1	515
31.5	61.1	502
33.1	56.0	498
34.0	59.8	523

表 6-14 两组变量的相关性资料

x_1	137	148	154	157	153	151	151	154	155	155	156	155	157	156	159	164	164
x_2	4	6	10	18	13	10	15	16	27	36	46	47	48	60	96	161	186
x_3	27	38	20	19	43	33	46	78	52	22	39	28	46	59	70	52	38
y_1	15	26	33	38	41	39	37	38	41	51	53	51	51	52	52	57	68
y_2	399	400	454	520	516	459	531	588	607	541	597	558	619	742	805	859	855

8. 以光呼吸抑制剂亚硫酸氢钠的不同浓度（x，100mg/L）喷射沪选 19 水稻，2h 后测定剑叶光合强度 $[y, CO_2mg/(dm^2/h)]$，得结果于表 6-15。试求光合强度依亚硫酸氢钠浓度的多项式回归方程。

表 6-15 亚硫酸氨钠浓度与光合强度资料

x（亚硫酸氢钠强度）	0	1	2	3	4	5
y（光合强度）	19.10	23.05	23.33	21.33	20.05	19.35

9. 测定越冬代棉红铃虫在 6~7 月（x）间化蛹进度（y，%）如表 6-16 所示，试将化蛹进度依日期的关系拟合为 Logistic 曲线方程。

表 6-16 化蛹进度与日期资料

x	6/5	6/10	6/15	6/20	6/25	6/30	7/5	7/10	7/15	7/20
y	3.5	6.4	14.6	31.4	45.6	60.4	75.2	90.2	95.4	97.5

10. 测定甘薯薯块在生长过程中的鲜重（x，g）和呼吸强度［y，CO_2mg/（100gFW/h）］的关系，得结果如表 6-17 所示。试以 $y=ax^b$ 作回归分析。

表 6-17　甘薯鲜重与呼吸强度资料

x	10	38	80	125	200	310	445	480
y	92	32	21	12	10	7	7	6

>>>>>>>>>

第七章

其他主要多元统计分析方法

在农业科研中常遇到分类和归属鉴定之类的问题，需要对研究对象作多维度观测，并经过综合比较分析，确定相互间的相似或差异程度，从而合理分类和鉴定归属，这就是多元聚类分析和判别分析的基本思想。如对若干种质资源、产地进行分类和对若干种质资源、产地鉴定其现有类的归属研究等问题，均用到多元聚类和判别分析方法。多元逐步判别通过建立判别函数，不仅能完成判别，还能从多个观测维度中找到判别的关键因素或指标，提供更多的科学信息。

农业生产效益决定于品种自身生命活动强弱、环境变化利弊和二者互作协调性等，需要考虑的因素多、变量多。海量的数据难以轻易发现重点，不能清楚地解决问题；众多的变量中包含一些彼此相关的变量群，这些相关变量群相互间存在科学信息的重叠。因此，要依据实际需要开展主成分分析和因子分析。

将不同的相关变量群简化为一两个指向性明显、差异明显、尽可能囊括原始变量全部信息的主成分，抓住重点；数据降维后，明确各主成分内部不同变量间的结构关系，建立简单的新的变量间回归与相关关系，从而清楚地揭示事物的本质和规律。

众多变量中，存在某些因素（变量）同时和其他一些因素（变量）相关或影响其他一些因素（变量）的关系，前者则称为后者的公共影响因子，需要对多维变量组展开因子分析。因子分析方法能确定公共因子，同时可以确定某因素（变量）受影响或相关的单一因子，从而指导我们制定解决普遍问题和特殊问题的策略。

第一节　多元聚类与判别

一、多元聚类分析

例 7-1：对 8 个样品分别观测了 2 个同量纲的观测指标 x_1 和 x_2，结果如表 7-1 所示。试作多元聚类分析。

表 7-1　2 个同量纲的观测值

i	1	2	3	4	5	6	7	8
x_{1i}	2	2	4	4	−4	−2	−3	−1
x_{2i}	5	3	4	3	3	2	2	−3

SAS 程式如下：

```
data zkb;input x1 x2 @@;
cards;
2 5 2 3 4 4 4 3 -4 3 -2 2 -3 2 -1 -3
;
proc plot hpercent=60 0;plot x2*x1/vref=0 href=0;
proc cluster data=zkb norigen rsquare out=tree method=single;
proc tree;
run;
```

说明：

① 数据步 input 后面的变量个数等于一组变量的个数，套用程式时注意依据实际问题修改变量和数据表。

② 过程步 plot 语句表示作图，本例是二维变量，可以在直角坐标系描点。若为多维变量，可以省略此句。

③ 过程步 cluster 表示作多元聚类分析，后面要指定数据集，若加 norigen rsquare 则表示不输出协方差矩阵的特征值。还可以有以下选项：method=方法名；outtree=数据集名，指定输出树形图的数据集；rsquare=数据集名，指定输出 R^2 值，该值越大则聚类效果越佳；var 指定聚类分析的数值变量，若省略该句，则指定在其他语句中出现的各个变量。

④ 聚类分析方法有：average（类平均）、centroid（重心）、complete（最长距离）、median（中间距离）、single（最短距离）、ward（Ward 离差平方和）等 11

种方法，其中 average 和 ward 用得较多。

⑤ 过程步 tree 表示输出树形图，常与 cluster 连用。

网页版运行主要结果如图 7-1 所示。

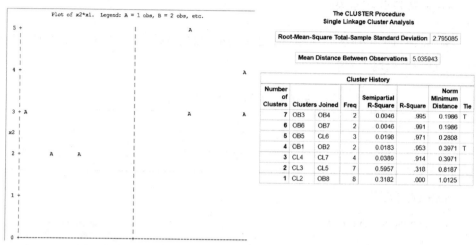

The CLUSTER Procedure
Single Linkage Cluster Analysis

Root-Mean-Square Total-Sample Standard Deviation	2.795085

Mean Distance Between Observations	5.035943

Cluster History

Number of Clusters	Clusters Joined		Freq	Semipartial R-Square	R-Square	Norm Minimum Distance	Tie
7	OB3	OB4	2	0.0046	.995	0.1986	T
6	OB6	OB7	2	0.0046	.991	0.1986	
5	OB5	CL6	3	0.0198	.971	0.2808	
4	OB1	OB2	2	0.0183	.953	0.3971	T
3	CL4	CL7	4	0.0389	.914	0.3971	
2	CL3	CL5	7	0.5957	.318	0.8187	
1	CL2	OB8	8	0.3182	.000	1.0125	

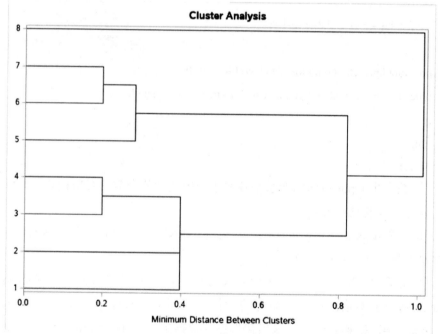

图 7-1　多元聚类分析程式运行主要结果界面

二、成批调整法多元聚类分析

例 7-2：对 16 个样品分析同量纲的两个指标 x_1、x_2，观测值如表 7-2 所示。

试用成批调整法作聚类分析。

表 7-2　同量纲两个指标观测值

i	1	2	3	4	5	6	7	8	9	10	11	12	13	14	15	16
x_{1i}	0	2	2	4	4	5	6	-4	-3	-3	-5	1	0	0	-1	-1
x_{2i}	5	3	5	4	3	1	2	3	2	0	2	1	-1	-2	-1	-3

SAS 程式如下：

data zkb; input x1 x2 @@;

cards;

0 5 2 3 2 5 4 4 4 3 5 1 6 2 -4 3 -3 2

-3 0 -5 2 1 1 0 -1 0 -2 -1 -1 -1 -3

;

data kbz; input x1 x2 @@;

cards;

4 3 -3 2 0 -1

proc fastclus data=zkb seed=kbz maxc=3 out=kb;

proc print data=kb; run;

说明：

①程式中包含 3 个数据集：第一个是所有观测值（zkb），第二个是任选的凝聚点（3 个点组成的数据集即 kbz），第三个是聚类结果输出数据集（kb）。套用程式时依据实际观测值情况作相应变通。

② fastclus 是成批调整法聚类分析，seed 指定初次凝聚点。

③ 结果输出中包含聚类结果、各次聚类后的各个类重心、每样品到各凝聚点的最短距离等。

网页版运行主要结果如图 7-2 所示。

三、Bayes 判别分析

例 7-3：观测 3 名健康人和 4 名心肌梗死病人心电图的 3 项指标 x_1、x_2、x_3 所得的观测值如表 7-3 所示。试判别心电图指标为（400.72，49.46，2.25）是否健康。

The FASTCLUS Procedure
Replace=FULL Radius=0 Maxclusters=3 Maxiter=1

Initial Seeds		
Cluster	x1	x2
1	4.000000000	3.000000000
2	-3.000000000	2.000000000
3	0.000000000	-1.000000000

Criterion Based on Final Seeds = 1.3878

Cluster Summary						
Cluster	Frequency	RMS Std Deviation	Maximum Distance from Seed to Observation	Radius Exceeded	Nearest Cluster	Distance Between Cluster Centroids
1	6	1.5111	2.7131		3	5.8230
2	5	1.8439	3.9699		3	4.5607
3	5	1.2042	2.5060		2	4.5607

Statistics for Variables				
Variable	Total STD	Within STD	R-Square	RSQ/(1-RSQ)
x1	3.26535	1.50980	0.814719	4.397216
x2	2.39444	1.56893	0.627907	1.687500
OVER-ALL	2.86320	1.53965	0.749394	2.990333

Pseudo F Statistic = 19.44

Approximate Expected Over-All R-Squared = 0.76351

Cubic Clustering Criterion = -0.320

WARNING: The two values above are invalid for correlated variables.

Cluster Means		
Cluster	x1	x2
1	3.833333333	3.000000000
2	-3.000000000	2.400000000
3	-0.200000000	-1.200000000

Cluster Standard Deviations		
Cluster	x1	x2
1	1.602081979	1.414213562
2	1.870828693	1.816590212
3	0.836660027	1.483239697

Obs	x1	x2	CLUSTER	DISTANCE
1	0	5	2	3.96989
2	2	3	1	1.83333
3	2	5	1	2.71314
4	4	4	1	1.01379
5	4	3	1	0.16667
6	5	1	1	2.31541
7	6	2	1	2.38630
8	-4	3	2	1.16619
9	-3	2	2	0.40000
10	-3	0	2	2.40000
11	-5	2	2	2.03961
12	1	1	3	2.50599
13	0	-1	3	0.28284
14	0	-2	3	0.82462
15	-1	-1	3	0.82462
16	-1	-3	3	1.96977

图 7-2 成批调整法多元聚类分析程式运行主要结果页面

表 7-3 心肌梗死病人心电图 3 项指标观测值

类	号	x_{1j}	x_{2j}	x_{3j}
1	1	436.70	49.59	2.32
1	2	290.67	30.02	2.46
1	3	352.53	36.23	2.36
2	1	510.47	67.64	1.73
2	2	510.41	62.71	1.58
2	3	470.30	54.40	1.68
2	4	364.12	46.26	2.09

SAS 程式如下：

```
data zkb1;input x1-x3 g @@;
cards;
436.70 49.59 2.32 1
290.67 30.02 2.46 1
352.53 36.23 2.36 1
510.47 67.64 1.73 2
510.41 62.71 1.58 2
470.30 54.40 1.68 2
364.12 46.26 2.09 2
;
data zkb2;input x1-x3 @@;
cards;
400.72 49.46 2.25
;
proc discrim data=zkb1 testedata=zkb2
anova manova simple list testout=zkb2;
class g;
proc print data=zkb2;
run;
```

说明：

① 数据步 input 语句后面的 g 表示"类"，在数据表中相应标明。

② 程序中含两个数据集；一个是聚类分析数据集；另一个是有待判别归类的数据。数据步数据集命名注意与过程步 discrim 和 testdata 后面的数据集相应一致，不能混淆，套用程序时务必注意。

③ discrim 表示依据某种聚类来判别某元素的归属。

网页版运行主要结果如图 7-3 所示。

四、逐步判别程序分析

例 7-4：观测 10 名健康人和 6 名心肌梗死患者心电图的 3 项指标 x_1、x_2、x_3 所得观测值表 7-4 所示。试用逐步判别程序分析。

The DISCRIM Procedure
Classification Summary for Calibration Data: WORK.ZKB1
Resubstitution Summary using Linear Discriminant Function

Number of Observations and Percent Classified into g

From g	1	2	Total
1	3 100.00	0 0.00	3 100.00
2	0 0.00	4 100.00	4 100.00
Total	3 42.86	4 57.14	7 100.00
Priors	0.5	0.5	

Error Count Estimates for g

	1	2	Total
Rate	0.0000	0.0000	0.0000
Priors	0.5000	0.5000	

The DISCRIM Procedure

Univariate Test Statistics

F Statistics, Num DF=1, Den DF=5

Variable	Total Standard Deviation	Pooled Standard Deviation	Between Standard Deviation	R-Square	R-Square / (1-RSq)	F Value	Pr > F
x1	85.2110	70.8156	72.6857	0.4244	0.7375	3.69	0.1129
x2	13.5008	9.6506	13.3946	0.5742	1.3485	6.74	0.0484
x3	0.3643	0.1781	0.4269	0.8009	4.0220	20.11	0.0065

Average R-Square

Unweighted	0.5998396
Weighted by Variance	0.4281205

Multivariate Statistics and Exact F Statistics

S=1 M=0.5 N=0.5

Statistic	Value	F Value	Num DF	Den DF	Pr > F
Wilks' Lambda	0.04300565	22.25	3	3	0.0149
Pillai's Trace	0.95699435	22.25	3	3	0.0149
Hotelling-Lawley Trace	22.25275891	22.25	3	3	0.0149
Roy's Greatest Root	22.25275891	22.25	3	3	0.0149

Linear Discriminant Function for g

Variable	1	2
Constant	-1214	-873.41807
x1	3.97446	3.31192
x2	-18.26845	-14.85528
x3	715.85149	603.73756

The DISCRIM Procedure
Classification Results for Calibration Data: WORK.ZKB1
Resubstitution Results using Linear Discriminant Function

Posterior Probability of Membership in g

Obs	From g	Classified into g	1	2
1	1	1	1.0000	0.0000
2	1	1	1.0000	0.0000
3	1	1	1.0000	0.0000
4	2	2	0.0000	1.0000
5	2	2	0.0000	1.0000
6	2	2	0.0000	1.0000
7	2	2	0.0000	1.0000

The DISCRIM Procedure
Classification Summary for Test Data: WORK.ZKB2
Classification Summary using Linear Discriminant Function

Observation Profile for Test Data

Number of Observations Read	1
Number of Observations Used	1

Number of Observations and Percent Classified into g

	1	2	Total
Total	1 100.00	0 0.00	1 100.00
Priors	0.5	0.5	

Obs	x1	x2	x3	1	2	_INTO_
1	400.72	49.46	2.25	0.99961	.000387050	1

图 7-3　Bayes 判别分析程式运行主要结果界面

表 7-4　心肌梗死病人心电图 3 项指标观测值

类	号	x_{1j}	x_{2j}	x_{3j}
1	1	436.70	49.59	2.32

续表

类	号	x_{1j}	x_{2j}	x_{3j}
1	2	290.67	30.02	2.46
1	3	352.53	36.23	2.36
1	4	340.91	38.28	2.44
1	5	332.83	41.92	2.28
1	6	319.97	31.42	2.49
1	7	361.31	37.99	2.02
1	8	366.50	39.87	2.42
1	9	292.56	26.07	2.16
1	10	276.84	16.60	2.91
2	1	510.47	67.64	1.73
2	2	510.41	62.71	1.58
2	3	470.30	54.40	1.68
2	4	364.12	46.26	2.09
2	5	416.07	45.37	1.90
2	6	515.70	84.59	1.75

SAS 程式如下：

```
data zkb1;input x1-x3 g @@;
cards;
436.70    49.59    2.32    1
290.67    30.02    2.46    1
352.53    36.23    2.36    1
340.91    38.28    2.44    1
332.83    41.92    2.28    1
319.97    31.42    2.49    1
361.31    37.99    2.02    1
366.50    39.87    2.42    1
292.56    26.07    2.16    1
276.84    16.60    2.91    1
510.47    67.64    1.73    2
```

510.41	62.71	1.58	2
470.30	54.40	1.68	2
364.12	46.26	2.09	2
416.07	45.37	1.90	2
515.70	84.59	1.75	2

```
;
data zkb2;input x1-x3 @@;
cards;
400.72 49.46 2.25
;
proc stepdisc data=zkb1 method=stepwise sle=0.3 sls=0.3;
class g;
proc discrim data=zkb1 testdata=zkb2
anova manova simple list testout=zkb2;
var x1-x3; class g;
proc print data=zkb2;
run;
```

说明：

① 过程步 stepdisc 和 method=stepwise 表示逐步判别，sle 和 sls 分别规定进入和保留的概率，指定建立判别函数的不同方法。

② 其余同上述程式。

网页版运行主要结果如图 7-4 所示。

Multivariate Statistics and Exact F Statistics					
S=1 M=0.5 N=5					
Statistic	Value	F Value	Num DF	Den DF	Pr > F
Wilks' Lambda	0.30110510	9.28	3	12	0.0019
Pillai's Trace	0.69889490	9.28	3	12	0.0019
Hotelling-Lawley Trace	2.32109951	9.28	3	12	0.0019
Roy's Greatest Root	2.32109951	9.28	3	12	0.0019

Linear Discriminant Function for g		
Variable	1	2
Constant	-185.05970	-174.38282
x1	0.45974	0.47847
x2	-0.57811	-0.55062
x3	98.60300	89.26488

The DISCRIM Procedure
Classification Summary for Calibration Data: WORK.ZKB1
Resubstitution Summary using Linear Discriminant Function

Number of Observations and Percent Classified into g			
From g	1	2	Total
1	10 100.00	0 0.00	10 100.00
2	1 16.67	5 83.33	6 100.00
Total	11 68.75	5 31.25	16 100.00
Priors	0.5	0.5	

The DISCRIM Procedure
Classification Results for Calibration Data: WORK.ZKB1
Resubstitution Results using Linear Discriminant Function

	Posterior Probability of Membership in g			
Obs	From g	Classified into g	1	2
1	1	1	0.8090	0.1910
2	1	1	0.9976	0.0024
3	1	1	0.9773	0.0227
4	1	1	0.9907	0.0093
5	1	1	0.9618	0.0382
6	1	1	0.9967	0.0033
7	1	1	0.5923	0.4077
8	1	1	0.9813	0.0187
9	1	1	0.9643	0.0357
10	1	1	1.0000	0.0000
11	2	2	0.0026	0.9974
12	2	2	0.0007	0.9993
13	2	2	0.0050	0.9950
14	2	1 *	0.6785	0.3215
15	2	2	0.1218	0.8782
16	2	2	0.0018	0.9982

* Misclassified observation

Error Count Estimates for g			
	1	2	Total
Rate	0.0000	0.1667	0.0833
Priors	0.5000	0.5000	

The DISCRIM Procedure
Classification Summary for Test Data: WORK.ZKB2
Classification Summary using Linear Discriminant Function

Observation Profile for Test Data	
Number of Observations Read	1
Number of Observations Used	1

Number of Observations and Percent Classified into g			
	1	2	Total
Total	1 100.00	0 0.00	1 100.00
Priors	0.5	0.5	

Obs	x1	x2	x3	1	2	_INTO_
1	400.72	49.46	2.25	0.81269	0.18731	1

图 7-4 逐步判别程式分析运行主要结果界面

第二节 主成分分析法

例 7-5：有 20 例肝病患者的 4 项肝功能指标 x_1（转氨酶量 SGPT）、x_2（肝大指数）、x_3（硫酸锌浊度）及 x_4（胎甲球 AFP）的观测值见表 7-5。试作此 4 项指标的主成分分析。

表 7-5 肝病患者的 4 项肝功能指标观测值

k	x_{1k}	x_{2k}	x_{3k}	x_{4k}
1	40	2.0	5	20
2	10	1.5	5	30
3	120	3.0	13	50
4	250	4.5	18	0
5	120	3.5	9	50
6	10	1.5	12	50
7	40	1.0	19	40
8	270	4.0	13	60
9	280	3.5	11	60
10	170	3.0	9	60
11	180	3.5	14	40
12	130	2.0	30	50

续表

k	x_{1k}	x_{2k}	x_{3k}	x_{4k}
13	220	1.5	17	20
14	160	1.5	35	60
15	220	2.5	14	30
16	140	2.0	20	20
17	220	2.0	14	10
18	40	1.0	10	0
19	20	1.0	12	60
20	120	2.0	20	0

SAS 程式如下：

```
data zkb;input x1-x4 @@;
cards;
40 2 5 20 180 3.5 14 40
10 1.5 5 30 130 2 30 50
120 3 13 50 220 1.5 17 20
250 4.5 18 0 160 1.5 35 60
120 3.5 9 50 220 2.5 14 30
10 1.5 12 50 140 2 20 20
40 1 19 40 220 2 14 10
270 4 13 60 40 1 10 0
280 3.5 11 60 20 1 12 60
170 3 9 60 120 2 20 0
;
proc princomp;
run;
```

说明：

① 套用程序时只需修改 input 后面的变量表和相应的数据表。

② 有多个数据集时，princomp 后面跟"data=数据集名"来指定特定的数据集，否则默认当前数据集。

③ 结果中能够输出各成分方差贡献率和累计方差贡献率，一般累计方差贡献率上升越快越好；还能输出把原来变量分配到各主成分中去的情况，分析各主成分在专业上的指向性并作出专业上的解释。

网页版运行主要结果如图 7-5 所示。

The PRINCOMP Procedure

Observations	20
Variables	4

Eigenvalues of the Correlation Matrix			
	Eigenvalue	Difference	Proportion	Cumulative
1	1.71825161	0.62471584	0.4296	0.4296
2	1.09353577	0.11218875	0.2734	0.7029
3	0.98134701	0.77448141	0.2453	0.9483
4	0.20686561		0.0517	1.0000

Simple Statistics

	x1	x2	x3	x4
Mean	138.0000000	2.325000000	15.00000000	35.50000000
StD	88.8878655	1.054751155	7.41974606	21.87885304

Correlation Matrix

	x1	x2	x3	x4
x1	1.0000	0.6950	0.2195	0.0249
x2	0.6950	1.0000	-.1480	0.1351
x3	0.2195	-.1480	1.0000	0.0713
x4	0.0249	0.1351	0.0713	1.0000

Eigenvectors

	Prin1	Prin2	Prin3	Prin4
x1	0.699964	0.095010	-.240049	-.665883
x2	0.689798	-.283647	0.058463	0.663555
x3	0.087939	0.904159	-.270314	0.318895
x4	0.162777	0.304983	0.930532	-.120830

图 7-5　主成分分析程式运行主要结果页面

第三节　因子分析

例 7-6：对上述"主成分分析例题（例 7-5）"作因子分析。

SAS 程式如下：

```
data zkb;input x1-x4 @@;
cards;
```

40	2.0	5	20	10	1.5	5	30
120	3.0	13	50	250	4.5	18	0
120	3.5	9	50	10	1.5	12	50
40	1.0	19	40	270	4.0	13	60
280	3.5	11	60	170	3.0	9	60
180	3.5	14	40	130	2.0	30	50
220	1.5	17	20	160	1.5	35	60
220	2.5	14	30	140	2.0	20	20
220	2.0	14	10	40	1.0	10	0
20	1.0	12	60	120	2.0	20	0

```
;
proc corr out=zkb2;
proc factor data=zkb2 method=prin priors=one rotate=varimax score;
```

run;

说明：

① 套用程式时只需按照实际情况修改 input 后面的变量表和相应的数据表即可。

② 因子分为第一、第二、第三、……公因子等，一般按照累计贡献率达到 80%以上时，后面的公因子不需继续求出。

③ 支配若干指标的公因子相互间独立或者不相关，且不能直接观测，宜用此程式分析得出；得到的公因子可以简化研究，结果更清楚，且尽可能不损失原有信息。

④ 本 SAS 程式直接得出公因子系数，依据 $h_i^2=\Sigma f_i^2$，$c_i^2=1-h_i^2$ 可以求出单因子系数 c_i，从而得到 x_i 关于各公因子和单因子的回归方程。

网页版运行主要结果如图 7-6 和图 7-7 所示。

The CORR Procedure

4 Variables: x1 x2 x3 x4

Simple Statistics

Variable	N	Mean	Std Dev	Sum	Minimum	Maximum
x1	20	138.00000	88.88787	2760	10.00000	280.00000
x2	20	2.32500	1.05475	46.50000	1.00000	4.50000
x3	20	15.00000	7.41975	300.00000	5.00000	35.00000
x4	20	35.50000	21.87885	710.00000	0	60.00000

Pearson Correlation Coefficients, N = 20
Prob > |r| under H0: Rho=0

	x1	x2	x3	x4
x1	1.00000	0.69498 0.0007	0.21946 0.3526	0.02490 0.9170
x2	0.69498 0.0007	1.00000	-0.14796 0.5336	0.13513 0.5700
x3	0.21946 0.3526	-0.14796 0.5336	1.00000	0.07133 0.7651
x4	0.02490 0.9170	0.13513 0.5700	0.07133 0.7651	1.00000

The FACTOR Procedure

Input Data Type	Correlations
N Set/Assumed in Data Set	20
N for Significance Tests	20

The FACTOR Procedure
Initial Factor Method: Principal Components

Prior Communality Estimates: ONE

	Eigenvalue	Difference	Proportion	Cumulative
Eigenvalues of the Correlation Matrix: Total = 4 Average = 1				
1	1.71825161	0.62471584	0.4296	0.4296
2	1.09353577	0.11218875	0.2734	0.7029
3	0.98134701	0.77448141	0.2453	0.9483
4	0.20686561		0.0517	1.0000

2 factors will be retained by the MINEIGEN criterion.

图 7-6　因子分析程式运行主要结果界面 1

Factor Pattern

	Factor1	Factor2
x1	0.91753	0.09935
x2	0.90420	-0.29662
x3	0.11527	0.94550
x4	0.21337	0.31893

Variance Explained by Each Factor

Factor1	Factor2
1.7182516	1.0935358

Final Communality Estimates: Total = 2.811787

x1	x2	x3	x4
0.85172711	0.90556179	0.90725648	0.14724200

The FACTOR Procedure
Rotation Method: Varimax

Orthogonal Transformation Matrix

	1	2
1	0.97481	0.22303
2	-0.22303	0.97481

Rotated Factor Pattern

	Factor1	Factor2
x1	0.87226	0.30149
x2	0.94758	-0.08748
x3	-0.09851	0.94739
x4	0.13687	0.35848

Variance Explained by Each Factor

Factor1	Factor2
1.6871768	1.1246106

Final Communality Estimates: Total = 2.811787

x1	x2	x3	x4
0.85172711	0.90556179	0.90725648	0.14724200

The FACTOR Procedure
Rotation Method: Varimax

Scoring Coefficients Estimated by Regression

Squared Multiple Correlations of the Variables with Each Factor

Factor1	Factor2
1.0000000	1.0000000

Standardized Scoring Coefficients

	Factor1	Factor2
x1	0.50027	0.20766
x2	0.57347	-0.14705
x3	-0.12744	0.85781
x4	0.05600	0.31200

图 7-7　因子分析程式运行主要结果界面 2

思 考 题

1. 将例 7-1 改用其他聚类分析方法分析，比较结果。
2. 某项研究测得 7 种岩石的部分化学成分如表 7-6 所示，试对岩石进行分类。

表 7-6　岩石的部分化学成分

编号	氧化硅	氧化锑	氧化铁	氧化钙	氧化钾
1	75.2	0.14	1.86	0.91	5.21
2	72.35	0.13	1.37	0.83	4.81
3	75.15	0.16	2.11	0.74	4.93
4	73.29	0.033	1.07	0.17	3.15
5	72.19	0.13	1.52	0.69	4.65
6	72.74	0.1	1.41	0.72	4.99
7	73.72	0.033	0.77	0.28	2.78

3. 将思考题 2 改用成批调整法聚类，并比较结果。
4. 某地区育龄妇女生育状态调查情况如表 7-7 所示。将 12 个已知样品分为 2 类，试建立判别函数，并判定另外 3 个待测样品属于哪类。

表 7-7　某地区育龄妇女生育状态资料

组别	序号	峰值育龄/岁	一胎生育率/%	二胎生育率/%	多胎生育率/%
A	1	27	96.77	2.80	0.43
	2	24	55.33	25.36	19.31
	3	27	97.45	2.10	0.45
	4	24	51.45	31.25	17.30
	5	25	52.15	32.85	16.00
	6	25	52.08	32.84	15.08
B	1	25	35.76	22.83	41.41
	2	26	27.10	25.13	47.77
	3	25	39.40	34.21	26.39
	4	26	21.98	16.23	61.79
	5	25	38.49	34.44	27.06
	6	25	38.96	24.48	36.56
待判别	1	26	87.45	12.50	0.05
	2	25	33.78	22.82	43.40
	3	24	52.40	33.25	14.35

5. 将思考题 4 改用逐步判别法判别，并比较结果。

6. 表7-8是某地区某时间气候的综合指数，其中 x_1 为某地区平均降水量，x_2 为气压值，x_3 为气温值，x_4 为绝对湿度。试用主成分分析法分析该地区的气候综合指数。

表7-8 某地区某时间气候综合指数

x_1	x_2	x_3	x_4	x_1	x_2	x_3	x_4
42.4	12	24	22.7	83.4	5.7	27.5	29.4
10.2	19.4	18.4	15.1	90.0	12.8	23.7	23.6
116.8	24.6	12.5	12.1	18.8	19.4	17.4	15.1
4.8	28.8	1	4.4	47.6	22.8	13.3	12.3
43.6	24.7	2.8	5.4	99.6	21	9.5	10.6
13.3	28.3	1.8	4.7	100.1	23	3.6	6.7
61.1	18.7	8.8	8.5	80.6	2.8	2.6	6.2
99.3	18.3	13.7	11.8	90	21.2	6.8	8.3
139.5	9.4	18.7	17.9	100.8	15.1	14.2	13.7
55.5	8.1	22.6	22.3	146.1	8.4	19.6	18.6
68.3	3.5	26.7	29.1	55.1	6.7	22.4	21.2

7. 表7-9是2011—2022年我国淡水水产品产量统计数据，试作因子分析。

表7-9 2011—2022年我国淡水水产品产量数据

年份	淡水产品	天然产品	人工养殖	鱼类	虾蟹类	贝类	其他
	X_1	X_2	X_3	X_4	X_5	X_6	X_7
2011	2695.16	223.23	2471.93	2343.66	248.84	37.74	72.52
2012	2874.33	229.79	2644.54	2497.71	268.69	53.96	36
2013	3033.18	230.74	2802.44	2647.85	277	52.81	9.51
2014	3165.30	229.54	2935.76	2770.32	288.74	51.45	54.81
2015	3290.04	227.77	3062.27	2883.31	300.16	51.63	54.95
2016	3411.1	231.84	3179.26	2986.65	316.11	52.52	55.81
2017	3123.59	218.30	2905.29	2702.56	320.78	46.66	53.59
2018	3303.05	119.78	3183.27	2732.31	470.73	33.71	66.31
2019	3197.86	184.12	3013.74	2686.42	416.53	39.44	55.471
2020	3234.64	145.75	3088.89	2697.27	441.97	35.77	59.63
2021	3303.05	119.78	3183.27	2732.31	470.73	33.71	66.31
2022	3406.38	116.62	3289.76	2800.31	501.95	32.14	71.98

第八章

SAS窗口化数据分析

前述各章节基本覆盖了生命科学类研究生学习阶段数据分析的大部分应用场景需求，但是，面对数据处理日新月异的变化，如何拓展定制个性化的数据分析方案？又或者如何解决没有编程基础用户的数据分析需求？提供友好的交互操作界面？本章将介绍如何利用 SAS 9.4 软件的 insight 和 analyst 两个模块进行窗口化数据分析，方便读者在实践研究中使用 SAS 处理数据。因前述章节已介绍如何理解 SAS 分析的结果，本章主要侧重介绍窗口化数据分析的操作流程。

第一节 SAS insight 模块的窗口化数据分析

一、进入 SAS insight 模块

有三种方法可以进入 SAS insight 模块。

其一是通过菜单依次选择 Solutions→Analysis→Interactive Data Analysis，如图 8-1 所示。

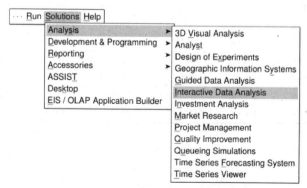

图 8-1 通过菜单进入 SAS insight 模块

其二是在命令输入框内输入 insight，如图 8-2 所示。

图 8-2　通过命令输入框进入 SAS insight 模块

其三是在程序编辑器输入"proc insight;run;"后提交运行程序。

注意：最好选择前两种方法进入 SAS insight 模块，这样可以同时使用 SAS 系统的其他组件。如果使用第三种方法进入 SAS insight 模块，则只有退出 SAS insight 模块后才能使用 SAS 系统的其他组件。

二、创建或导入数据集

SAS insight 模块启动后即进入数据集对话框（图 8-3），如需导入已有数据库内的数据集，可以按图 8-3 找到目标数据集后单击"Open"即可。如需创建新的数据集，可以单击"New"。

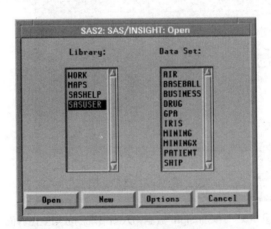

图 8-3　SAS insight 模块启动后的数据集对话框

按图 8-4 所示直接输入原始数据。

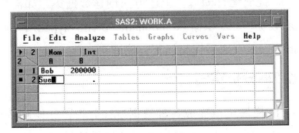

图 8-4　SAS insight 原始数据输入界面

如果要增加观测数，可以将光标移动到数据框的左上角，点击即可在弹出的菜单中选择 New Observations。如果观测数为 10，则在弹出的对话框中输入 10。增加变量的方法相同，在菜单中选择 New Variables 即可。对变量进行定义可选择 Define Variables，在弹出的对话框中即可指定该变量是数字型变量还是字符型变量，数字型变量测量水平是象征性还是间断性等（图 8-5）。

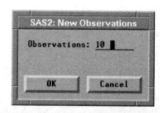
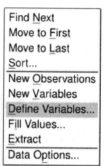
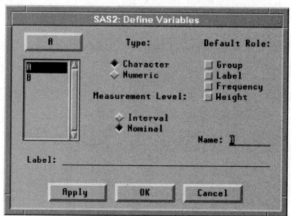

图 8-5　SAS insight 数据输入新增观测数与变量界面

如果采用在程序编辑器的方式运行 insight 模块新建数据集，可以输入"proc insight data；run；"，提交运行即可按上述方法创建数据集。如需打开 mypath 数据库里面的 mydata 数据集，可输入"libname mylib'mypath'；proc insight data= mylib.mydata；run；"，完成后提交运行程序即可。

三、窗口化数据分析实例

使用 SAS insight 模块可以完成各种数据统计分析，如绘制散点图、直方图、方框图、直线图、等高线图和三维旋转图；计算描述性统计数据、创建分位数—

分位数图、创建马赛克图；拟合一般线性模型，包括方差分析和协方差分析的分类效应；拟合广义线性模型，包括逻辑回归、泊松回归和其他模型；创建残差和杠杆图；拟合正态分布、对数分布、指数分布等的参数和经验累积分布函数；基于科尔莫戈罗夫-斯米尔诺夫检验（Kolmogorov-Smirnov test）的 D 统计量检验已知参数或未知参数等。下面挑选部分常用的分析方法进行介绍。

1.绘制直方图

例 8-1：绘制工资表薪水数据直方图。

首先按前文所述打开已有工资表数据集，薪水数据直方图可按以下步骤绘制：首先用鼠标点击选定需要作图的变量名"SALARY"（图 8-6），再如图 8-7 在菜单中依次选择 Analyze→Histogram/Bar Chart（Y）即可。

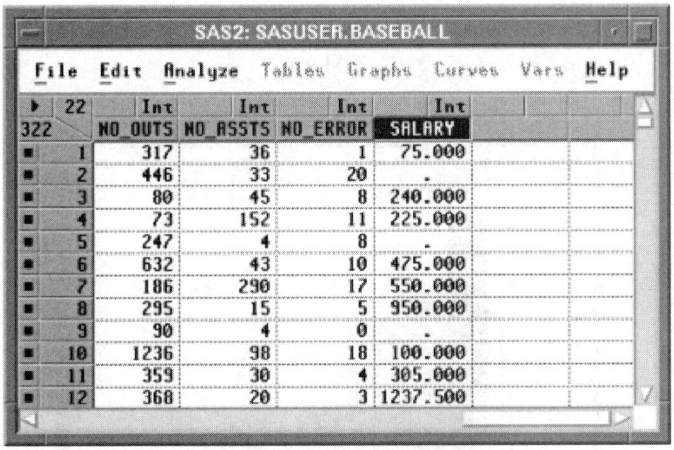

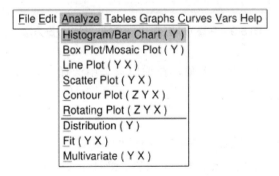

图 8-6　直方图绘制的数据集打开及选定绘图变量

图 8-7　直方图绘制的菜单选择方法

直方图绘制结果如图 8-8。

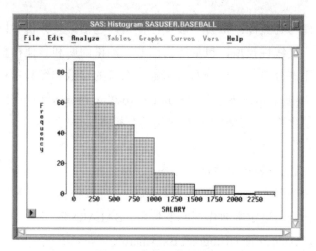

图 8-8　直方图绘制结果

鼠标点击其中的柱形可显示数字（图 8-9）。

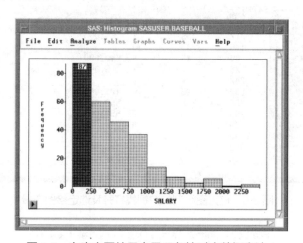

图 8-9　在直方图结果中显示各柱对应数据方法 1

　　或者鼠标单击直方图左上角，在弹出菜单中选择"Values"即可在各个对应柱上显示数字（图 8-10）。

　　2. 绘制散点图

　　例 8-2：绘制成绩绩点数据集中 SATM 和 SATV 两个变量的散点图。GPA 数据集中可变 GPA 是平均绩点；HSM、HSS 和 HSE 是高中数学、科学和英语的平均成绩；SATM 和 SATV 是 SAT 考试的数学和语言部分的分数。

　　与绘制直方图不同的是，绘制散点图需要用鼠标点击选定 2 个作图的变量（图 8-11）。

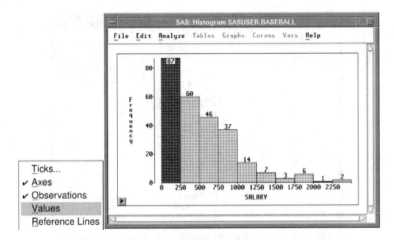

图 8-10　在直方图结果中显示各柱对应数据方法 2

7	Int	Int	Int	Int	Int	Int	Nom
224	GPA	HSM	HSS	HSE	SATM	SATV	SEX
1	5.32	10	10	10	670	600	Female
2	5.14	9	9	10	630	700	Male
3	3.84	9	6	6	610	390	Female
4	5.34	10	9	9	570	530	Male
5	4.26	6	8	5	700	640	Female
6	4.35	8	6	8	640	530	Female
7	5.33	9	7	9	630	560	Male
8	4.85	10	8	8	610	460	Male
9	4.76	10	10	10	570	570	Male
10	5.72	7	8	7	550	500	Female
11	4.08	9	10	7	670	600	Female
12	5.38	8	9	8	540	580	Female

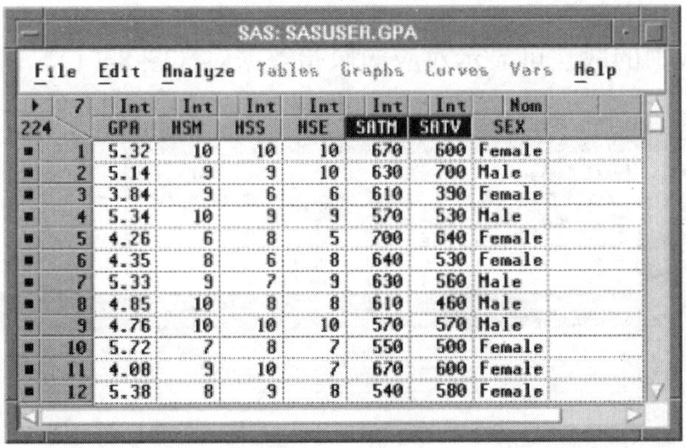

图 8-11　散点图绘制的数据集打开及选定绘图变量

再如图 8-12 在菜单中依次选择 Analyze→Scatter Plot（Y X）即可。

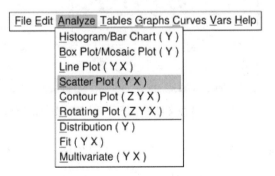

图 8-12　散点图绘制的菜单选择方法

散点图绘制结果如图 8-13。

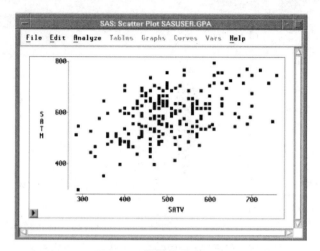

图 8-13　散点图绘制结果

鼠标点击其中的散点可显示对应的原始数据对（图 8-14）。

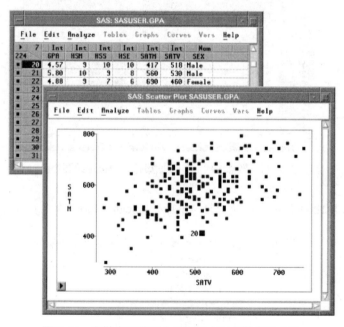

图 8-14　在散点图结果中显示各点对应数据的方法

也可以用鼠标点击选定 3 个作图的变量（图 8-15）。可以获得散点组合图（图 8-16）。

3. 绘制折线图

例 8-3：绘制 CO 和 SO_2 随时间变化的折线图。

绘制折线图需要选择 2 个或以上作图变量，并需要指定 X 轴和 Y 轴的变量。打开数据集后，在菜单中依次选择 Analyze:Line Plot（Y X）（图 8-17）。

7		Int	Int	Int	Int	Int	Int	Nom
224		GPA	HSM	HSS	HSE	SATH	SATV	SEX
■	20	4.57	9	10	10	417	518	Male
■	21	5.00	10	9	8	560	530	Male
■	22	4.88	9	7	6	690	460	Female
■	23	4.28	8	10	10	600	600	Male
■	24	5.06	8	6	5	540	400	Female
■	25	5.21	8	8	7	600	400	Female
■	26	3.60	4	7	7	460	460	Male
■	27	5.47	10	10	9	720	600	Male
■	28	4.00	3	7	6	460	530	Female
■	29	5.18	9	10	8	670	450	Female
■	30	4.77	6	5	9	590	440	Female
■	31	4.38	9	9	10	650	570	Male

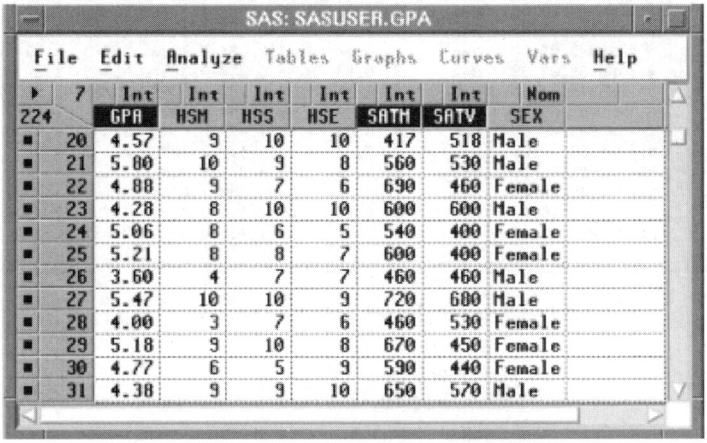

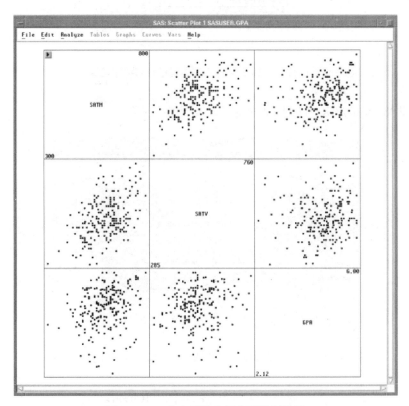

图 8-15　选择 3 个变量绘制散点组合图

图 8-16　3 个变量散点组合图绘制结果

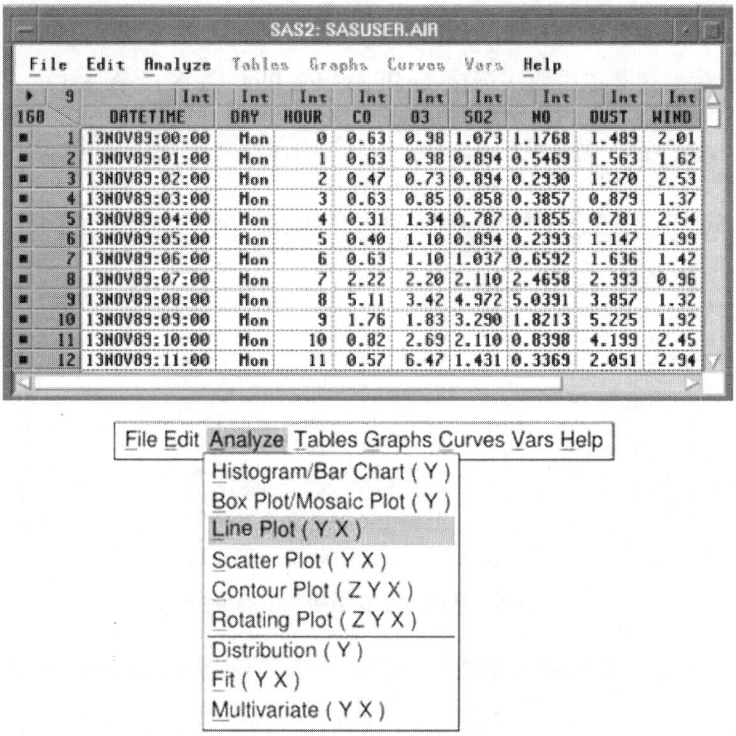

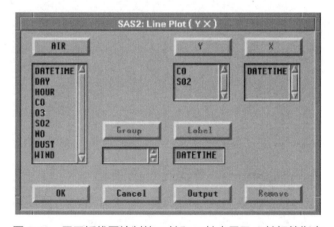

图 8-17　折线图绘制的数据集打开与菜单选择

如图 8-18 指定 X 轴和 Y 轴的变量以及 X 轴标签。

图 8-18　用于折线图绘制的 X 轴和 Y 轴变量及 X 轴标签指定

点击 OK 按钮后即可获得 CO 和 SO_2 随时间变化的折线图结果（图 8-19）。

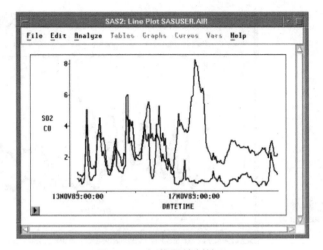

图 8-19　折线图绘制结果

鼠标点击折线图 Y 轴其中的一个变量可加粗显示对应的折线（图 8-20）。

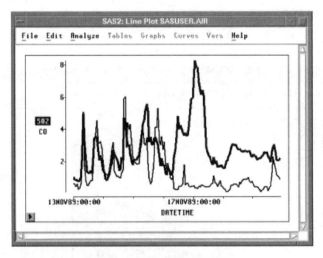

图 8-20　折线图图形调整

还可以鼠标单击直方图左上角，在弹出菜单中选择"Observations"即可在折线上显示原始数据对应的点（图 8-21）。

4. 连续数据分组分析与正态分布检验

对连续性变量可以进行分布检验，如区间分组作图、正态密度曲线、正态分布检验等。

例 8-4：对例 8-2 中成绩绩点数据集的变量 SATM 进行区间分组作图、正态密度曲线绘制及正态分布检验。

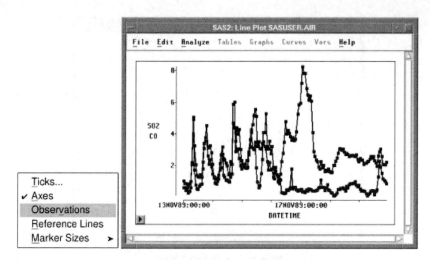

图 8-21　折线图中折线对应显示原始数据的点

　　选定变量 SATM，在菜单中依次选择 Analyze→Distribution (Y)即可对变量 SATM 进行区间分组作图。可直观看出其左尾轻微偏峰，峰中值约为 600（图 8-22）。

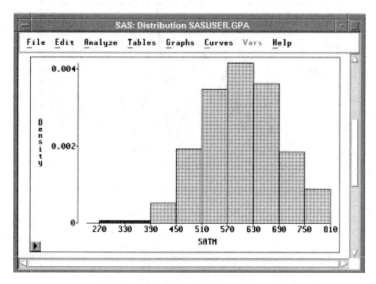

图 8-22　变量 SATM 区间分组作图结果

　　在菜单中依次选择 Edit→Windows→Tools。在出现的工具框中将箭头换成手形（鼠标移动，单击即可），通过该手形工具可以返回区间分组图根据需要进行组间距调整（图 8-23）。

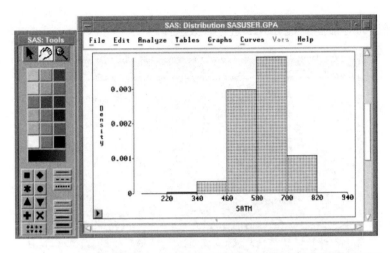

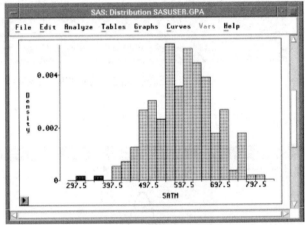

图 8-23 对变量 SATM 区间分组作图的组间距分别进行大、小调整

要进行正态密度曲线绘制与参数估计，可按图 8-24 在菜单中依次选择 Curves→
Parametric Density。

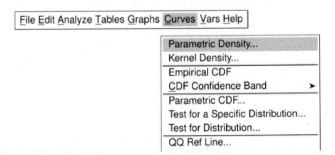

图 8-24 正态密度曲线绘制与参数估计的菜单选择

在弹出的对话框中如图 8-25 进行参数选择。

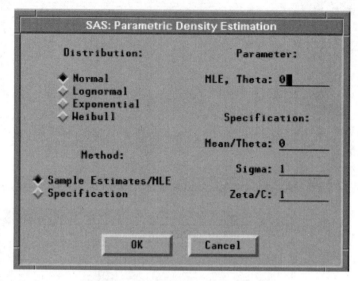

图 8-25　正态密度曲线绘制的参数选择

点击 OK 按钮后即可获得正态密度曲线（图 8-26）。

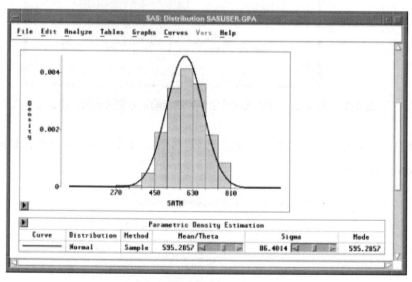

图 8-26　正态密度曲线绘制结果

曲线图下的列表中的 Mean/Theta 代表样本平均值，Sigma 代表样本标准差。还可如图 8-27 在菜单中依次选择 Curves→CDF Confidence Band→95%进一步创建累积分布函数（图 8-28）。

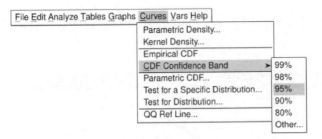

图 8-27　创建正态密度曲线累积分布函数的菜单选择

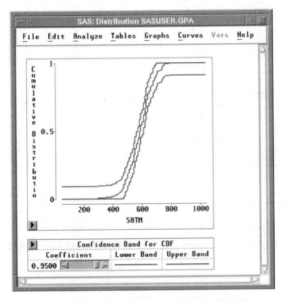

图 8-28　正态密度曲线累积分布函数结果

并可在菜单中依次选择 Curves→Test for Distribution 使用科尔莫戈罗夫-斯米尔诺夫检验的统计量对该累积分布函数进行分布检验。

在弹出的对话框中按图 8-29 设置并点击 OK。

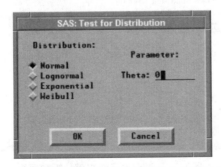

图 8-29　正态密度曲线累积分布函数的分布检验参数选择

图 8-30 中计算获得的 p 值（Prob>D）>0.15，说明这些观测数据极有可能是正态分布。

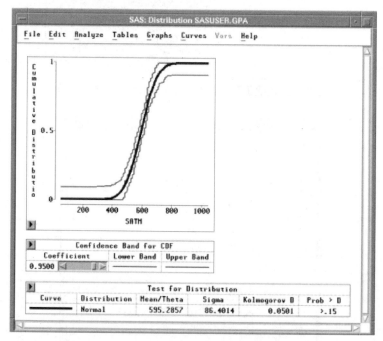

图 8-30　正态密度曲线累积分布函数的分布检验结果

5. 方差分析

例 8-5：采集 4 种药物分别治疗 3 种不同疾病后的血压变化数据，用 SAS insight 进行双因素有交互作用的方差分析。

打开需进行方差分析的数据集（图 8-31）。

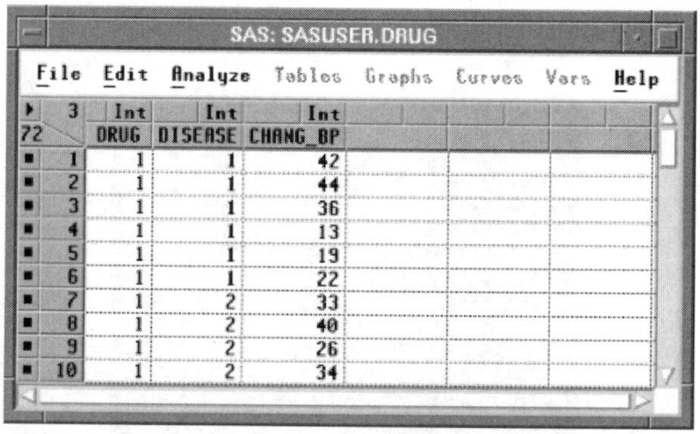

图 8-31　双因素互作方差分析数据集

首先设置变量类型，将 DRUG 和 DISEASE 的测量水平调整为象征性（Nom）以便于后续分析中将两者作为分组变量进行分析。利用鼠标点击 Int 即可在弹出的对话框中进行修改（图 8-32）。

SAS: SASUSER.DRUG
File Edit Analyze Tables Graphs Curves Vars Help
3 Nom Nom Int
72 DRUG DISEASE CHANG_BP
1 1 1 42
2 1 1 44
3 1 1 36
4 1 1 13
5 1 1 19
6 1 1 22
7 1 2 33
8 1 2 40
9 1 2 26
10 1 2 34
•Interval
Nominal

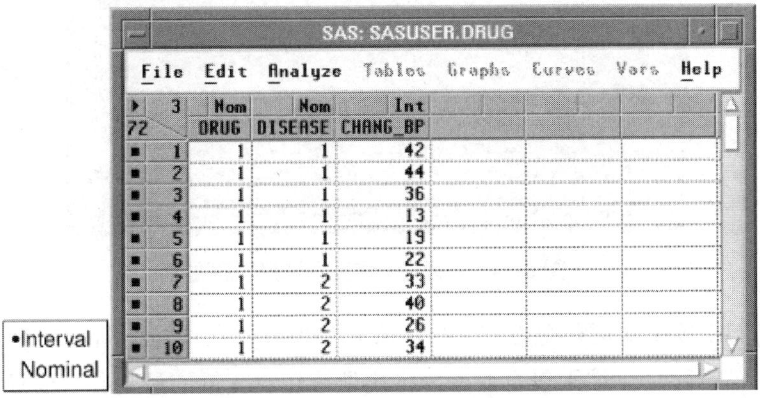

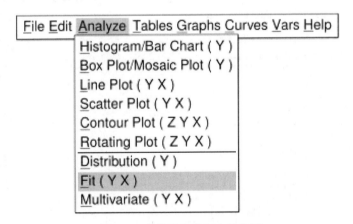

图 8-32　方差分析数据集变量类型设置

全部修改完成后如图 8-33 在菜单中依次选择 Analyze→Fit（Y X）。

File Edit Analyze Tables Graphs Curves Vars Help
Histogram/Bar Chart (Y)
Box Plot/Mosaic Plot (Y)
Line Plot (Y X)
Scatter Plot (Y X)
Contour Plot (Z Y X)
Rotating Plot (Z Y X)
Distribution (Y)
Fit (Y X)
Multivariate (Y X)

图 8-33　菜单选择进行方差分析

在出现的对话框中选择 X 和 Y 变量，在图 8-34 左边变量中用鼠标点击 CHANG_BP，再点击 Y 按钮，变量 CHANG_BP 就会出现在 Y 按钮下的方框中。同样用鼠标点击 DRUG 和 DISEASE，再点击 Expand 按钮，变量 DRUG 和 DISEASE 以及表示交互作用的变量 DRUG*DISEASE 会出现在 X 按钮下的方框中。当然点击 Cross 按钮也可以添加交互作用的变量，但 Expand 按钮是最快捷的添加方式。

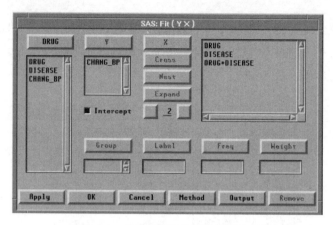

图 8-34　方差分析的变量选择示意图

单击 OK 按钮即可获得方差分析结果。方差分析默认输出图 8-35 的结果，可通过鼠标滚轮翻页。结果包含方差分析模型信息、变量信息、参数信息、模型方程表、拟合汇总表、方差分析表、Ⅲ型检验表、参数估计表以及残差图等。

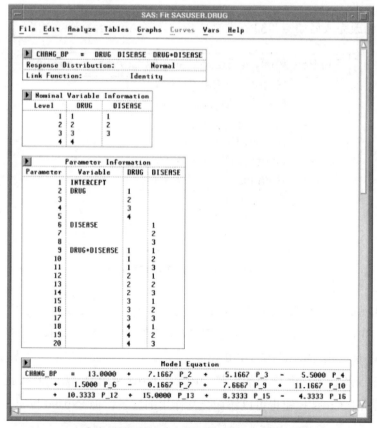

(a)方差分析模型信息、变量信息、参数信息和模型方程表

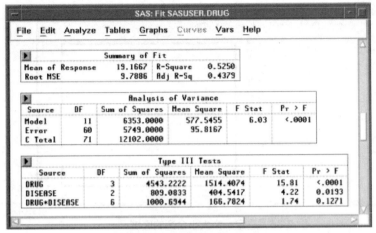

(b)拟合汇总表、方差分析表和Ⅲ型检验表

(c)参数估计表及残差图

图 8-35　方差分析结果

　　方框图可以并排放置每个变量不同水平的平均值和标准差，是显示平均值的极好工具。首先如图 8-36 选定一个大小合适的区域。

　　从菜单中依次选择 Analyze→Box Plot/Mosaic Plot（Y）。选择左侧 CHANG_BP 变量后点击 Y 按钮，再选择左侧 DRUG 变量后点击 X 按钮（图 8-37）。

　　点击 Output 按钮，在弹出的对话框中选择 Means，如图 8-38。

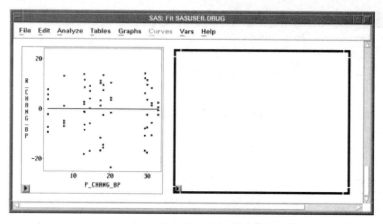

图 8-36　选定一个大小合适的区域

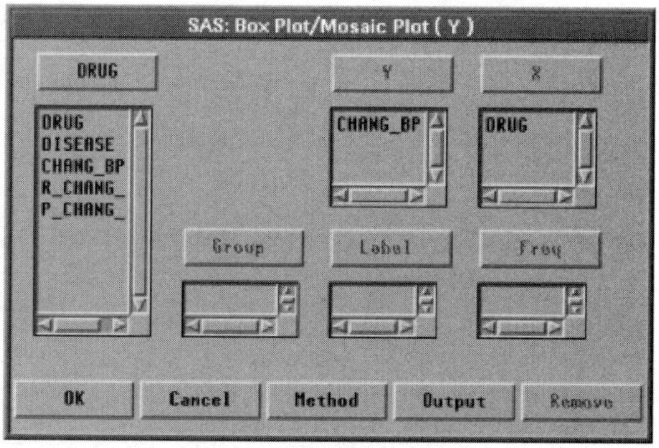

图 8-37　选定作图变量

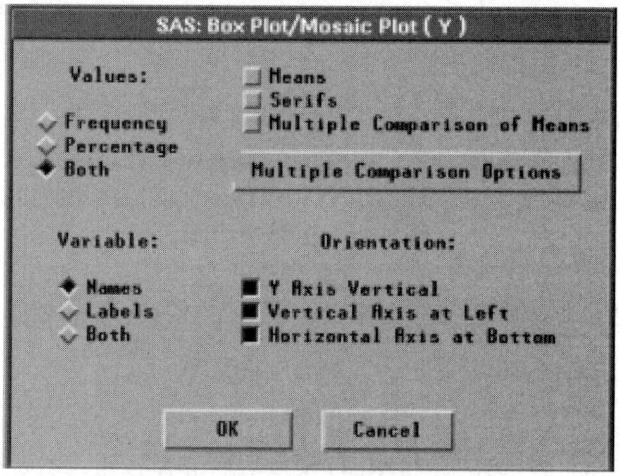

图 8-38　Output 对话框勾选示意图

连续点击 OK 按钮确认即可得到不同 DRUG 水平的平均值方框图（图 8-39）。

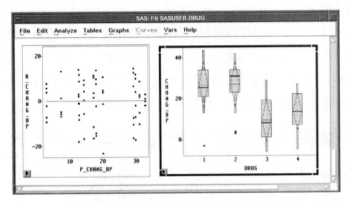

图 8-39 不同 DRUG 水平的平均值方框图

该方框图可以通过设置弹出菜单中选择 Values 等进行调整（图 8-40）。

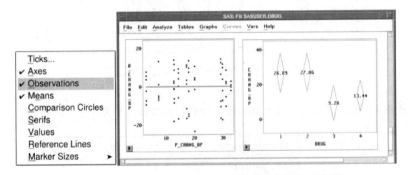

图 8-40 对不同 DRUG 水平的平均值方框图进行调整

同样操作可得到不同 DISEASE 水平的平均值方框图（图 8-41）。

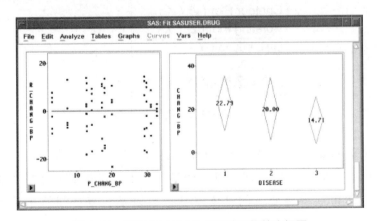

图 8-41 不同 DISEASE 水平的平均值方框图

其他单因素、多因素方差分析操作的流程基本相似，不在此赘述。

6. 相关分析

例 8-6：分析例 8-2 成绩绩点数据集 GPA 中各变量之间的相关性，以确定大学中哪些申请人有可能在计算机科学项目中获得成功。可变 GPA 是平均绩点；HSM、HSS 和 HSE 是高中数学、科学和英语的平均成绩；SATM 和 SATV 是 SAT 考试的数学和语言部分的分数。打开数据集（图 8-42）。

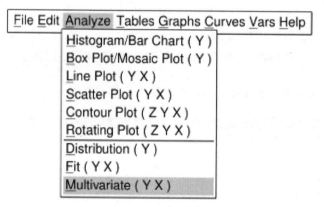

图 8-42　用于相关分析的成绩绩点数据集

如图 8-43 依次从菜单选择 Analyze→Multivariate（Y X）。

File Edit **Analyze** Tables Graphs Curves Vars Help

Histogram/Bar Chart (Y)
Box Plot/Mosaic Plot (Y)
Line Plot (Y X)
Scatter Plot (Y X)
Contour Plot (Z Y X)
Rotating Plot (Z Y X)
Distribution (Y)
Fit (Y X)
Multivariate (Y X)

图 8-43　相关分析的菜单选择示意图

在出现的对话框中左侧选择 GPA，HSM，HSS，HSE，SATM 和 SATV 等变量，再用鼠标点击 Y 按钮，以上变量就会出现在 Y 按钮下的方框中。点击 OK 按钮即可获得各变量的基本统计信息以及各变量间的相关系数矩阵（图 8-44）。

Univariate Statistics

Variable	N	Mean	Std Dev	Minimum	Maximum
GPA	224	4.6352	0.7794	2.1200	6.0000
HSM	224	8.3214	1.6387	2.0000	10.0000
HSS	224	8.0893	1.6997	3.0000	10.0000
HSE	224	8.0938	1.5079	3.0000	10.0000
SATM	224	595.2857	86.4014	300.0000	800.0000
SATV	224	504.5491	92.6105	285.0000	760.0000

Correlation Matrix

	GPA	HSM	HSS	HSE	SATM	SATV
GPA	1.0000	0.4365	0.3294	0.2890	0.2517	0.1145
HSM	0.4365	1.0000	0.5757	0.4469	0.4535	0.2211
HSS	0.3294	0.5757	1.0000	0.5794	0.2405	0.2617
HSE	0.2890	0.4469	0.5794	1.0000	0.1083	0.2437
SATM	0.2517	0.4535	0.2405	0.1083	1.0000	0.4639
SATV	0.1145	0.2211	0.2617	0.2437	0.4639	1.0000

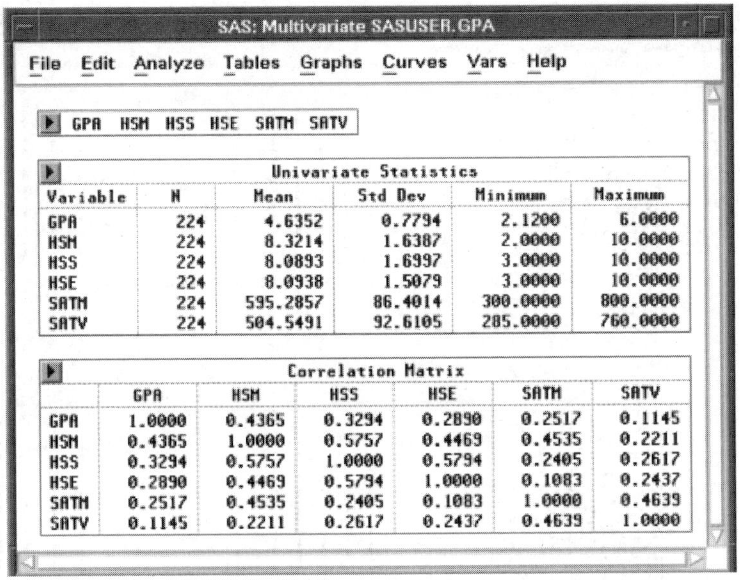

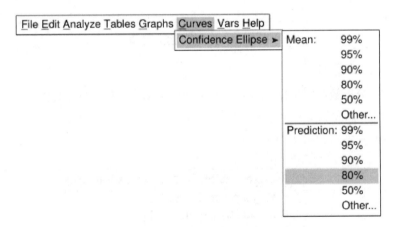

图 8-44 相关分析的基本统计信息及各变量间的相关系数矩阵

还可如图 8-45 进一步绘制置信椭圆，依次从菜单选择 Curves→Confidence Ellipse→Prediction：80%。

图 8-45 相关分析绘制置信椭圆的菜单选择示意图

置信椭圆也可以作为相关性的直观指标。当两个变量之间的相关性接近 1 或 −1 时，置信椭圆对角线崩塌。当两个变量不相关时，置信椭圆更接近圆形。在 GPA 与 SATV 的曲线中，置信椭圆近似圆形的外观反映了在相关矩阵表中观察到的小的相关性。GPA 与 SATM 曲线上的椭圆有些拉长，反映出较高的相关性（图 8-46）。

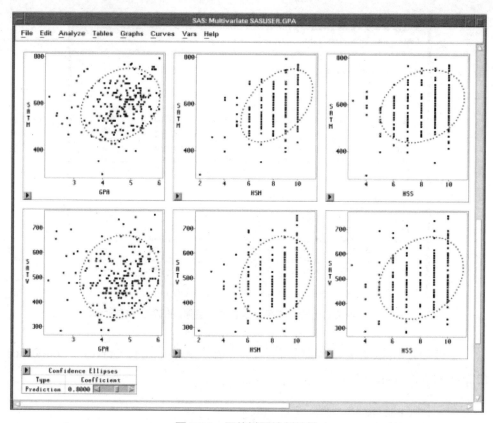

图 8-46　置信椭圆绘制结果

7. 一元回归分析

例 8-7：分析数据集 MININGX 中变量 DRILTIME 和变量 DEPTH 的回归关系。

打开需进行回归分析的数据集后，菜单中依次选择 Analyze→Fit（Y X）（图 8-47）。

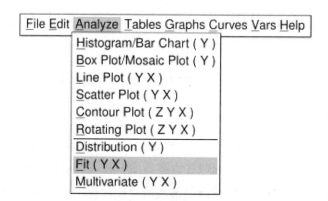

图 8-47　回归分析菜单选择示意图

　　如图 8-48 在出现的对话框中选择 X 和 Y 变量，在下图中用鼠标点击 DRILTIME，再点击 Y 按钮，变量 DRILTIME 就会出现在 Y 按钮下的方框中。同理用鼠标点击 DEPTH，再点击 X 按钮，变量 DEPTH 会出现在 X 按钮旁的方框中。

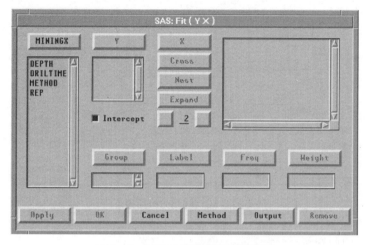

图 8-48　回归分析变量选择示意图

　　选定变量后鼠标点击 Output 按钮，在弹出的对话框中按图 8-49 用鼠标点击选择。

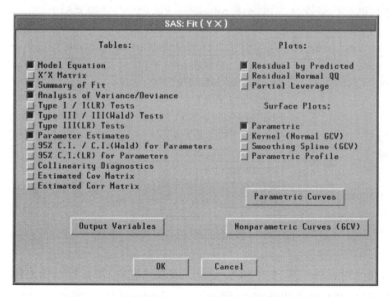

图 8-49　回归分析 Output 按钮对话框选择示意图

　　点击 OK 按钮即可获得图 8-50 的分析结果。包括回归方程及各参数、线性回归方程图和统计假设检验等。

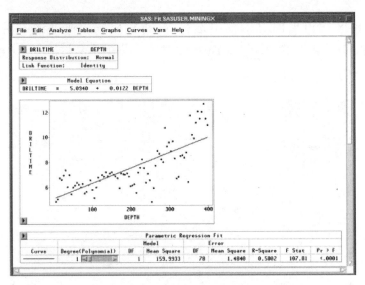

图 8-50　回归分析结果

8. 多元回归分析

例 8-8：分析例 8-2 各科成绩中数学（HSM）、英语（HSE）和科学（HSS）等对 GPA（衡量学生在计算机科学课程中的成功程度）的可能影响。

打开数据集后依次从菜单选择 Analyze→Fit（Y X）（图 8-51）。

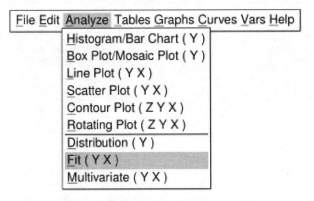

图 8-51　多元回归分析菜单选择示意图

在出现的对话框中选择 X 和 Y 变量，在图 8-52 中用鼠标点击 GPA，再点击 Y 按钮，变量 GPA 就会出现在 Y 按钮下的方框中。再用鼠标点击 HSM、HSS 和 HSE，再点击 X 按钮，变量 HSM、HSS 和 HSE 会出现在 X 按钮旁的方框中。

选定变量后鼠标点击 Apply 或 OK 按钮即可获得分析结果（图 8-53）。

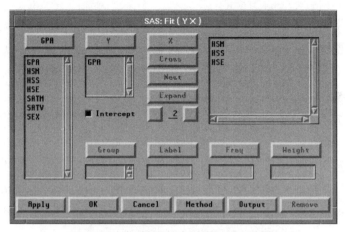

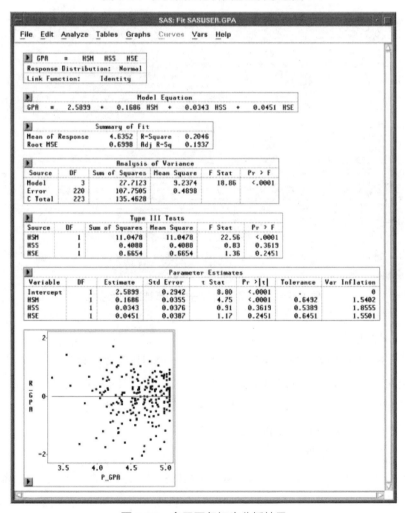

图 8-52　多元回归分析变量选择示意图

图 8-53　多元回归初步分析结果

分析结果默认显示模型信息、回归方程、对回归方程的检验等摘要信息、方差分析、Ⅲ型检验和参数估计以及残差图等。如需显示其他信息可点击 Output 按钮进行勾选。本次分析获得的回归方程如下：

GPA=2.5899+0.1686HSM+0.0343HSS+0.0451HSE

注意该模型检验的 R^2 值为 0.2046，表示该回归方程仅可解释 20%的 GPA 变化。

可以修改回归模型以简化模型而保持回归方程的解释能力。要注意调整回归模型后的 R^2 的变化。本次分析变量 HSS 的估计值 p 值最大，为 0.3619。可从模型中删除 HSS，看对调整后的 R^2 有什么影响。在 X 变量列表中选择 HSS，然后单击"Remove"按钮即可将 HSS 从模型中删除（图 8-54）。

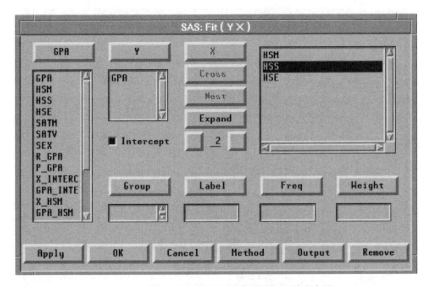

图 8-54　基于多元回归分析初步结果删除变量

点击 Apply 按钮。

修正 R^2 从 0.1937 到 0.1943 略有增加，去掉 HSS 后，解释力几乎没有损失（图 8-55）。进一步修改回归模型去掉变量 HSE，获得图 8-56 的结果。修正 R^2 仅略有下降至 0.1869，说明从模型中去除 HSE 似乎也没有什么影响。所以，在本例三个变量中，只有 HSM 对 GPA 具有较强的解释力。

9. Logistic 回归分析

例 8-9：Patient 数据集中因变量 REMISS 是二元数据，1 表示缓解，0 表示未缓解。另有 CELL、LI 和 TEMP 三个自变量则是可能影响病症缓解的患者特征（图 8-57）。分析 CELL、LI 和 TEMP 等自变量对患者病症是否缓解的影响。

在例 8-7 和例 8-8 中使用了最小二乘方法进行回归分析。本例因变量 REMISS 是二元数据，宜使用极大似然法进行回归分析。

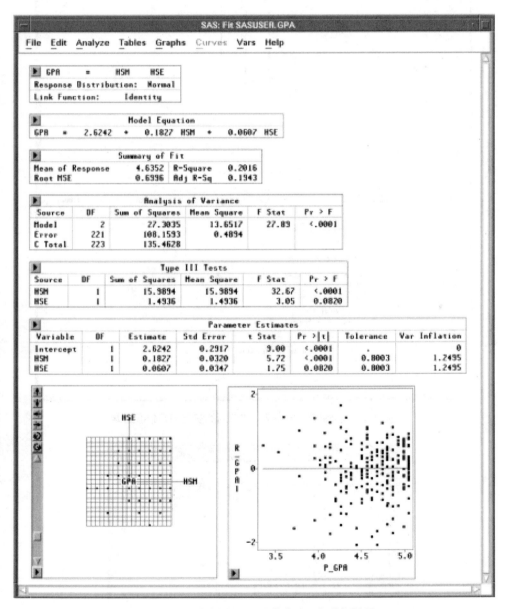

图 8-55　删除变量 HSS 后的多元回归分析结果

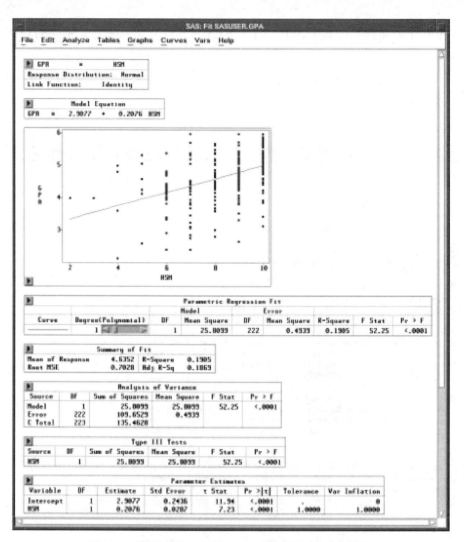

图 8-56 删除变量 HSS 和 HSE 后的多元回归分析结果

图 8-57 用于 Logistic 回归分析

打开数据集后依次从菜单选择 Analyze：Fit（Y X）（图 8-58）。

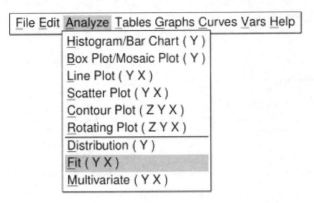

图 8-58　用于 Logistic 回归分析的菜单选择示意图

在出现的对话框（图 8-59）中选择 X 和 Y 变量，用鼠标点击 REMISS，再点击 Y 按钮，变量 REMISS 出现在 Y 按钮下的方框中。再用鼠标点击 CELL、LI 和 TEMP，点击 X 按钮，变量 CELL、LI 和 TEMP 出现在 X 按钮旁的方框中。

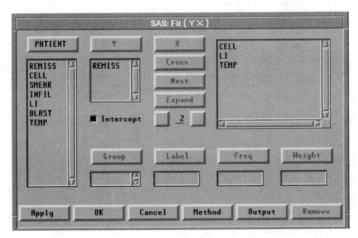

图 8-59　用于 Logistic 回归分析的变量选择示意图

用鼠标点击 Method 按钮弹出菜单，如图 8-60 所示。单击选定 Response Dist 下的 Binomial 以指定概率分布为二项分布。如此，不需要指定连接函数，默认 Canonical 即可，它允许 Fit（Y X）根据概率分布选择一个连接函数。而对于二项分布，它等价于选择 Logit，将进行 Logistic 回归分析。

单击 OK 按钮关闭 Method 对话框。再单击变量对话框中的 Apply 按钮获得分析结果（图 8-61）。

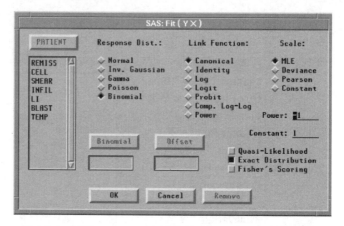

图 8-60　用于 Logistic 回归分析的 Method 参数选择示意图

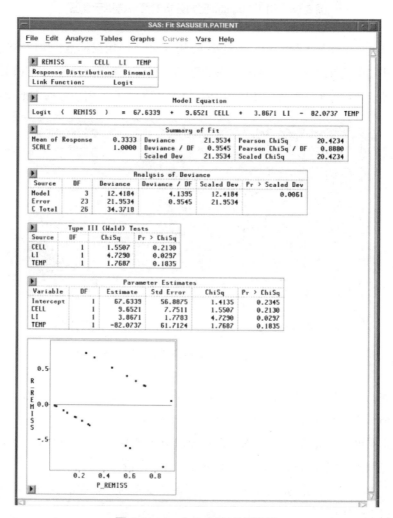

图 8-61　Logistic 回归分析结果

分析结果默认显示模型信息、回归方程、对回归方程的检验等摘要信息、方差分析、Ⅲ型检验和参数估计以及残差图等。如需显示其他信息可点击 Output 按钮进行勾选。本次分析获得的回归方程如下：

logit（Prob（REMISS=1））

=67.6399+9.6521×CELL+3.8671×LI−82.0737×TEMP

可以删除一些变量以简化模型而保持回归方程的解释能力。类型Ⅲ（LR）测试结果比类型Ⅲ（Wald）测试结果可以更准确帮助我们进行变量取舍。如果与检验相关的 p 值很大，则可以删除该变量。在菜单中依次选择 Tables→Type Ⅲ（LR）Tests（图 8-62）。

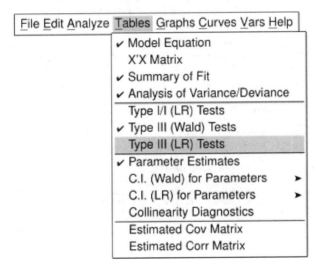

图 8-62 对 Logistic 回归分析结果进行类型Ⅲ（LR）测试菜单选择示意图

即可出现图 8-63 的测试结果。

Type III (LR) Tests			
Source	DF	ChiSq	Pr > ChiSq
CELL	1	2.6945	0.1007
LI	1	8.8752	0.0029
TEMP	1	2.3874	0.1223

图 8-63 Logistic 回归分析第一次类型Ⅲ（LR）测试结果

根据该结果，在变量列表中 X 按钮旁选择 TEMP，然后单击 Remove 按钮即可将 TEMP 删除。单击 Apply，将出现新的分析结果（图 8-64）。

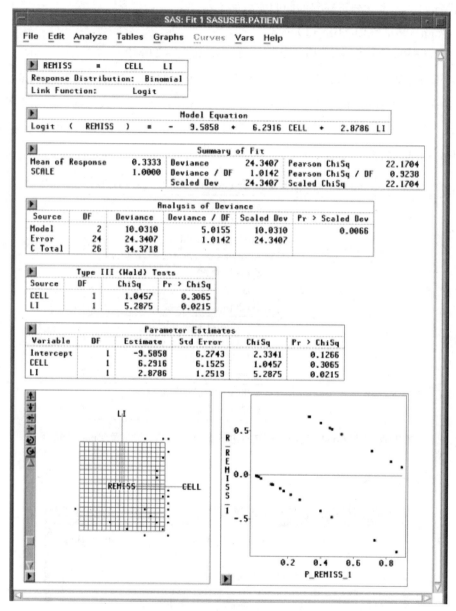

图 8-64　删除变量 TEMP 后的 Logistic 回归分析结果

再次在菜单中依次选择 Tables→Type Ⅲ（LR）Tests，出现图 8-65 结果。

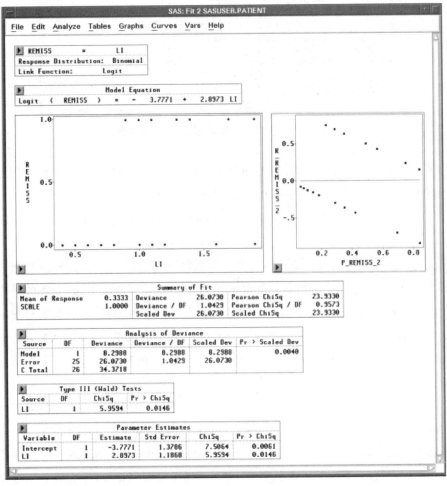

图 8-65　删除变量 TEMP 后的 Logistic 回归分析第二次类型Ⅲ（LR）测试结果

该结果的 p 值表明变量 CELL 也可以删除。在变量列表中 X 按钮旁选择 CELL，然后单击 Remove 按钮删除 CELL。单击 Apply，将出现仅 1 个 X 变量的最终回归分析结果（图 8-66）。

图 8-66　删除变量 TEMP 和 CELL 后的 Logistic 回归分析结果

10. *泊松分布回归分析*

例 8-10：调查波浪对某些载货船只前部造成的损害次数 Y，并了解五种船型（TYPE）、建造年（YEAR）和作业期（PERIOD）相关的损害风险。这三个变量是分类变量。MONTHS 是服役月数总和，是一个解释变量。Y 为响应变量，表示损坏事件的数量。所有数据存于 SHIP 数据集中（图 8-67），分析 TYPE、YEAR 和 PERIOD 三个变量对 Y 的影响，给未来的船体建造提供制定标准。

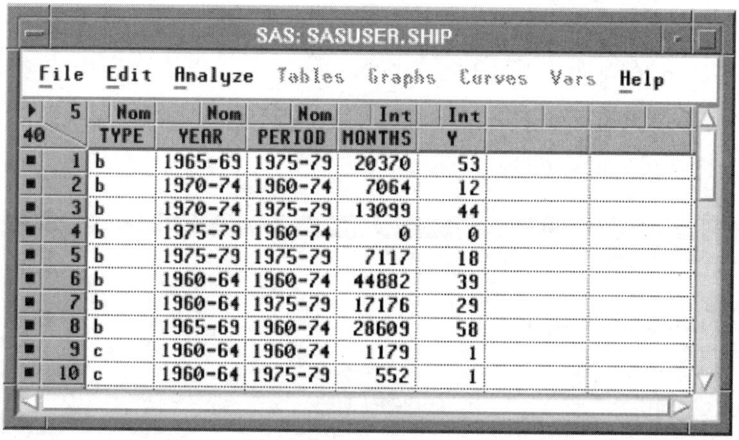

5 / 40	Nom TYPE	Nom YEAR	Nom PERIOD	Int MONTHS	Int Y
1	b	1965-69	1975-79	20370	53
2	b	1970-74	1960-74	7064	12
3	b	1970-74	1975-79	13099	44
4	b	1975-79	1960-74	0	0
5	b	1975-79	1975-79	7117	18
6	b	1960-64	1960-74	44882	39
7	b	1960-64	1975-79	17176	29
8	b	1965-69	1960-74	28609	58
9	c	1960-64	1960-74	1179	1
10	c	1960-64	1975-79	552	1

图 8-67 用于泊松分布回归的分类变量数据集

当应变量 Y 是计数/次数据时应进行泊松回归分析。根据经验，本例通过线性关系联系各变量的联系函数为对数函数。其模型如下：

$$\log（预计损害次数）=\beta_0+\beta_1\log(\text{MONTHS})+\gamma_i+\tau_j+\delta_k+(\gamma\tau)_{ij}+(\gamma\delta)_{ik}+(\tau\delta)_{jk}$$

其中 log（MONTHS）是一个变量，其系数 β_1 被认为是 1。这样的效果通常被称为偏移。γ_i 是 TYPE 的第 i 个水平的效应，τ_j 是 YEAR 的第 j 个水平的效应，δ_k 是 PERIOD 的第 k 个水平的效应，$(\gamma\tau)_{ij}$ 是 TYPE 的第 i 个水平与 YEAR 第 j 个水平相互作用的效应，$(\gamma\delta)_{ik}$ 是 TYPE 的第 i 个水平与 PERIOD 第 k 个水平相互作用的效应，$(\tau\delta)_{jk}$ 是 YEAR 的第 j 个水平与 PERIOD 第 k 个水平相互作用的效应。

打开 SHIP 数据集，需对 MONTHS 变量进行对数转换。首先在数据窗口选择 MONTHS 变量，再依次从菜单选择 Edit→Variables→log（Y）（图 8-68）。

转换完成后数据集中出现新变量 L_MONTHS（图 8-69）。MONTHS 的一些值为 0，意味着这种船还没有服役过。对数转换会自动将 MONTH 值为 0 的观察值赋为缺失值。自变量或应变量缺失值的这些观测结果不会被用于回归分析。

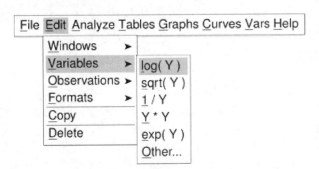

图 8-68 分类数据对数转换菜单选择示意图

SAS: SASUSER.SHIP

File Edit Analyze Tables Graphs Curves Vars Help

6	Nom	Nom	Nom	Int	Int	Int
40	TYPE	YEAR	PERIOD	MONTHS	Y	L_MONTHS
1	b	1965-69	1975-79	20370	53	9.9218
2	b	1970-74	1960-74	7064	12	8.8628
3	b	1970-74	1975-79	13099	44	9.4803
4	b	1975-79	1960-74	0	0	.
5	b	1975-79	1975-79	7117	18	8.8702
6	b	1960-64	1960-74	44882	39	10.7118
7	b	1960-64	1975-79	17176	29	9.7513
8	b	1965-69	1960-74	28609	58	10.2615
9	c	1960-64	1960-74	1179	1	7.0724
10	c	1960-64	1975-79	552	1	6.3135

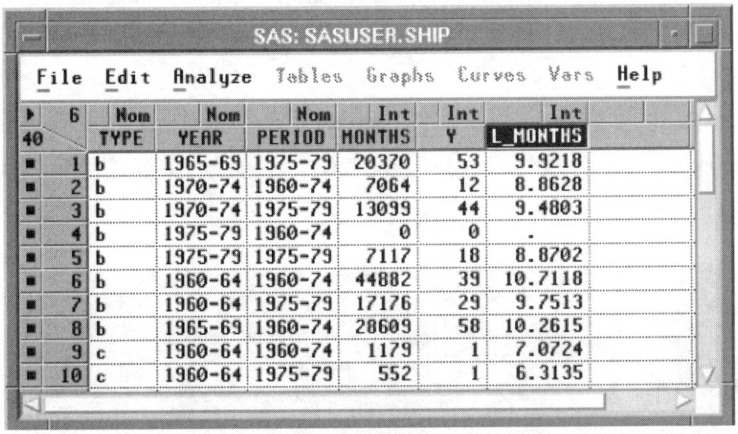

图 8-69 对数转换后产生的新数据集

在菜单中依次选择 Analyze→Fit（Y X），在出现的对话框中选择 Y，再点击 Y 按钮，变量 Y 出现在 Y 按钮下的方框中。再用鼠标点击 TYPE、YEAR 和 PERIOD，然后单击“Expand”按钮，变量 TYPE、YEAR 和 PERIOD 以及两两互作会出现在 X 按钮旁的方框中（图 8-70）。

用鼠标点击 Method 按钮。在二项分布和泊松分布数据中偶尔会出现不平均分布的现象，为此需要在对话框中选择 Quasi-Likelihood；选择 Exact Distribution；选择 Response Dist 下的 Poisson 以指定该分布为泊松分布；选择 Scale 下的 Pearson；在左侧的列表中选择 L_MONTHS，然后单击 Offset 按钮，L_MONTHS 出现在 Offset 变量列表中（图 8-71）。

没有必要指定连接函数。Canonical 是默认的，它允许 Fit（Y X）选择合适的连接。对于本例，它等价于选择 Log 作为连接函数。

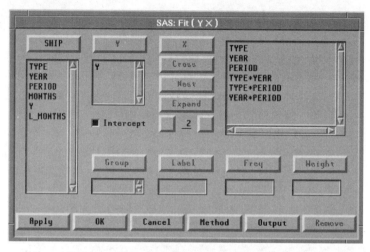

图 8-70　泊松分布回归分析的变量选择示意图

同二项分布的例子，因已选定 Poisson，不需要指定连接函数，默认 Canonical 即可，它允许 Fit（Y X）根据概率分布选择一个连接函数。而对于泊松分布，它等价于选择 Log 作为连接函数。

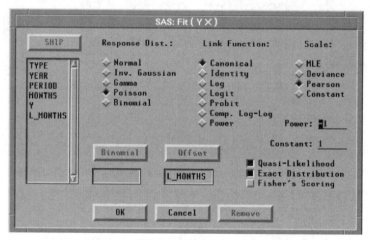

图 8-71　用于泊松分布回归分析的 Method 参数选择示意图

连续单击 OK 按钮关闭方法对话框和变量对话框，获得分析结果（图 8-72）。

分析结果默认显示模型信息、变量信息、对回归方程的检验等摘要信息、方差分析、Ⅲ型检验结果等。

从Ⅲ型检验结果，YEAR*PERIOD 效应应该可以移出这个分析模型。在 X 变量列表中删除 YEAR*PERIOD 再进行分析，获得结果如图 8-73 所示。

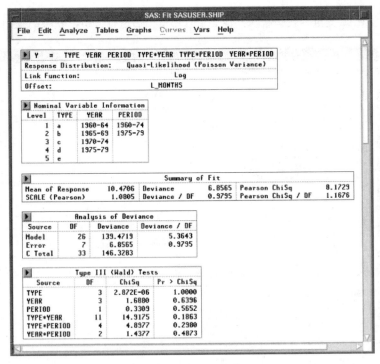

图 8-72　泊松分布回归分析结果

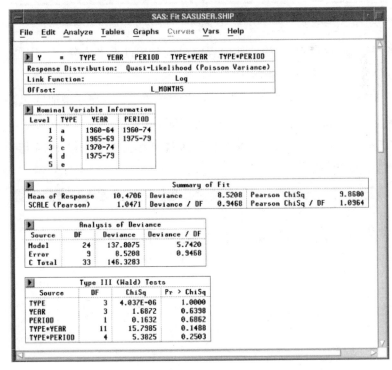

图 8-73　删除 YEAR*PERIOD 互作后泊松分布回归分析结果

进一步在 X 变量列表中删除其他 2 个互作变量后进行分析，获得结果如图 8-74。

SAS: Fit SASUSER.SHIP

File Edit Analyze Tables Graphs Curves Vars Help

Y	=	TYPE YEAR PERIOD
Response Distribution:		Quasi-Likelihood (Poisson Variance)
Link Function:		Log
Offset:		L_MONTHS

Nominal Variable Information

Level	TYPE	YEAR	PERIOD
1	a	1960-64	1960-74
2	b	1965-69	1975-79
3	c	1970-74	
4	d	1975-79	
5	e		

Summary of Fit

Mean of Response	10.4706	Deviance	38.6951	Pearson ChiSq	42.2753
SCALE (Pearson)	1.3004	Deviance / DF	1.5478	Pearson ChiSq / DF	1.6910

Analysis of Deviance

Source	DF	Deviance	Deviance / DF
Model	8	107.6333	13.4542
Error	25	38.6951	1.5478
C Total	33	146.3283	

Type III (Wald) Tests

Source	DF	ChiSq	Pr > ChiSq
TYPE	4	15.4150	0.0039
YEAR	3	17.2425	0.0006
PERIOD	1	6.2489	0.0124

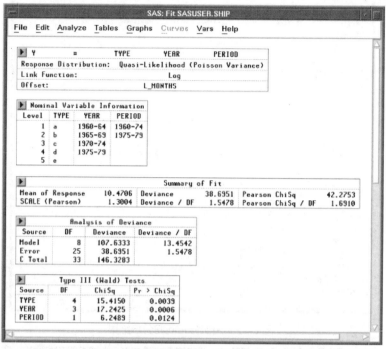

图 8-74　删除所有互作变量后泊松分布回归分析结果

色散参数 φ=σ2=1.6910 的估计值表明模型存在过不平均分布。III型（Wald）检验表 p 值显示，所有主要影响因素均显著。

从图 8-75 参数估计表中可以得出初步的结果，b 型和 c 型船的风险最低，e 型船的风险最高。最老的船舶（1960 年至 1964 年建造的）风险最低，而 1965 年至 1974 年建造的船舶风险高。1960 年至 1974 年运营的船舶比 1975 年至 1979 年运营的船舶风险更低。

SAS: Fit SASUSER.SHIP

File Edit Analyze Tables Graphs Curves Vars Help

Parameter Estimates

Variable	TYPE	YEAR	PERIOD	DF	Estimate	Std Error	ChiSq	Pr > ChiSq
Intercept				1	-5.2424	0.3216	265.7331	<.0001
TYPE	a			1	-0.3256	0.3067	1.1266	0.2885
	b			1	-0.8689	0.2580	11.3417	0.0008
	c			1	-1.0130	0.4414	5.2662	0.0217
	d			1	-0.4015	0.3994	1.0109	0.3147
	e			0	0	.	.	.
YEAR		1960-64		1	-0.4534	0.3032	2.2363	0.1348
		1965-69		1	0.2437	0.2715	0.8060	0.3693
		1970-74		1	0.3650	0.2594	1.9802	0.1594
		1975-79		0	0	.	.	.
PERIOD			1960-74	1	-0.3845	0.1538	6.2489	0.0124
			1975-79	0	0	.	.	.

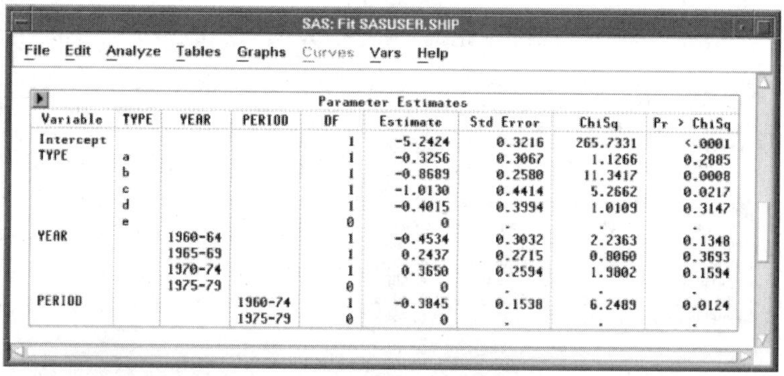

图 8-75　泊松分布回归分析参数估计结果

11. 主成分分析

例 8-11：试对 CR_ATBAT、CR_HITS、CR_HOME、CR_RUNS、CR_RBI 和 CR_BB 等职业绩效变量进行主成分分析。

打开数据集，依次如图 8-76 从菜单选择 Analyze→Multivariate（Y X）。

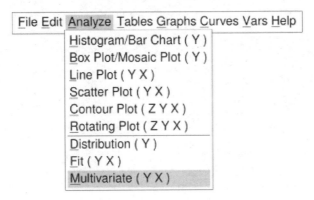

图 8-76　主成分分析菜单选择示意图

鼠标选择要简化降维的变量 CR_ATBAT、CR_HITS、CR_HOME、CR_RUNS、CR_RBI 和 CR_BB，点击 Y 按钮，这些变量出现在 Y 按钮下的方框中。再用鼠标点击 NAME，然后单击 Label 按钮，变量 NAME 出现在 Label 按钮下的方框中（图 8-77）。

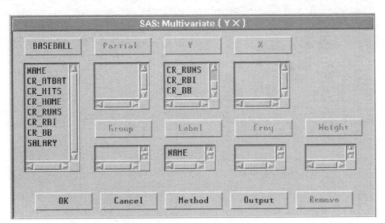

图 8-77　主成分分析变量选择示意图

点击 Output 按钮出现图 8-78 的对话框。

在弹出的对话框中先勾选 Principal Component Analysis，再点击 Principal Component Options。

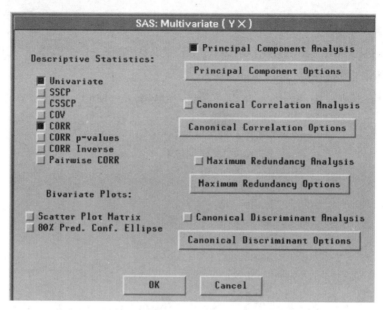

图 8-78　主成分分析 Output 方法选择示意图

　　勾 选 Eigenvalues、 Eigenvectors 和 Correlations（Structure），在 Output Components 下点击 2，要求返回前 2 个主成分的特征向量和相关分析表（图 8-79）。在所有对话框点击 OK 按钮，获得分析结果（图 8-80）。

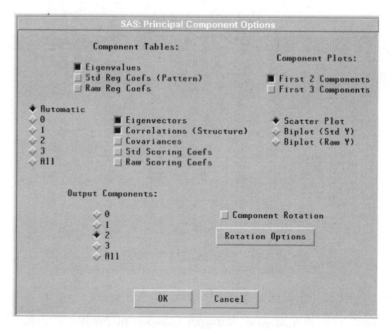

图 8-79　主成分分析选项选择示意图

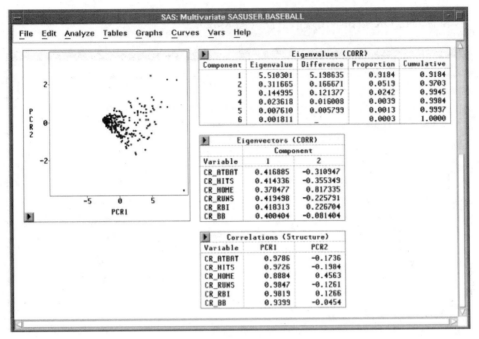

图 8-80　主成分分析结果

现已将职业绩效变量的维度简化成两个维度（主成分），前 2 个主成分的累加贡献达到了 97.03%，这些主成分数据自动存储在数据窗口中，可检查这些主成分与 SALARY 变量的散点图。在菜单中依次 Analyze→Scatter Plot（Y X）。在左侧列表中选择 SALARY，单击 Y 按钮，SALARY 出现在 Y 变量列表中；左侧列表选择 PCR1 和 PCR2，单击 X 按钮，PCR1 和 PCR2 出现在 X 变量列表中；左侧列表选择 NAME，单击 Label 按钮，NAME 出现在 LABEL 变量列表中（图 8-81）。

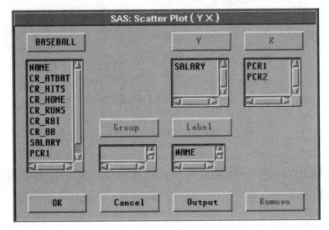

图 8-81　主成分与 SALARY 变量散点图绘制的变量选择示意图

鼠标点击 OK 按钮，出现散点图（图8-82）。

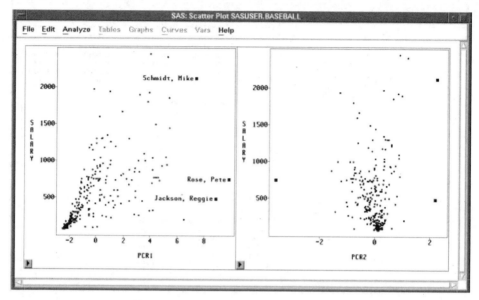

图 8-82　主成分与 SALARY 变量的散点图

由散点图可知，SALARY 与第一主成分 PCR1 之间存在很强的线性关系，与第二主成分 PCR2 之间线性关系不明显。

如图 8-83 在菜单中依次选择 Vars→Principal Components→2，可以保存主成分数据，即使在删除多变量窗口之后，数据窗口中仍然保留两个变量 PCR1 和 PCR2，以便在后续分析中使用。

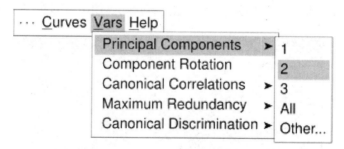

图 8-83　主成分数据保存菜单操作示意图

SAS insight 还可以绘制马赛克图、三维旋转图、数据转换、数据点标记颜色和形状以及分组分析等，都可由菜单中选择实现，在此不再详述。

第二节　SAS analyst 模块的窗口化数据分析

一、进入 SAS analyst 模块

如图 8-84 菜单依次选择 Solutions→Analysis→Analyst 可进入 SAS analyst 模块。

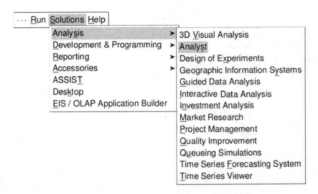

图 8-84　进入 SAS analyst 模块的菜单操作示意图

界面如图 8-85，可关闭导航（Explorer）和结果（Results）窗口。

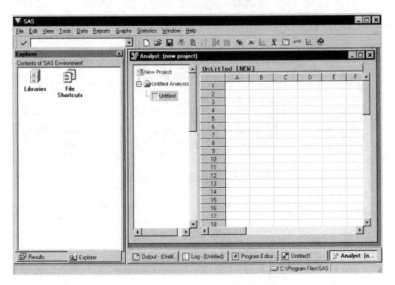

图 8-85　进入 SAS analyst 模块后的页面

二、创建或导入分析数据集

SAS analyst 支持许多不同的数据文件格式，包括 SAS 数据集、Excel 电子表

格、Lotus 电子表格、SPSS 数据文件等（图 8-86）。通过菜单选择 File→Open 即可从本地目录或文件夹中打开数据文件，SAS analyst 可在不改变源文件类型的情况下将之转换为 SAS 数据格式。

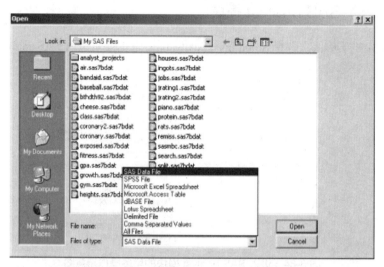

图 8-86　SAS analyst 支持的数据文件格式

如果需要打开的是 SAS 数据集，则菜单选择 File→Open By SAS Name 即可出现如图 8-87 选择打开 SAS 数据集文件的界面。

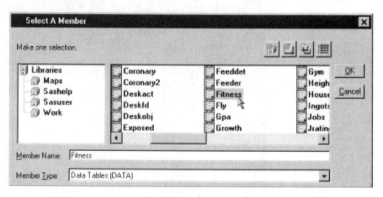

图 8-87　SAS analyst 打开的 SAS 数据集文件的界面

如需在 Sasuser 数据库新创建一个数据集，可按以下步骤操作：菜单选择 Tools→Sample Data；选择 Fitness 数据集；单击 OK 即可将数据集 Fitness 创建到 Sasuser 数据库中。

之后即可按以下步骤操作将 Fitness 数据集导入当前分析数据表：菜单选择

File→Open By SAS Name；从库列表中选择 Sasuser 库；从 Sasuser 库中选择 Fitness 数据集；单击 OK 即可查看和编辑数据，或进行数据转换，创建新变量等（图 8-88）。也可以覆盖原始数据源来保存数据，通过组合、汇总、置换或从现有数据表中提取样本来创建新的数据表。

	age	weight	runtime	rstpulse	runpulse	maxpulse	oxygen	group
1	57	73.37	12.63	58	174	176	39.407	2
2	54	79.38	11.17	62	156	165	46.08	2
3	52	76.32	9.63	48	164	166	45.441	2
4	50	70.87	8.92	48	146	155	54.625	2
5	51	67.25	11.08	48	172	172	45.118	2
6	54	91.63	12.88	44	168	172	39.203	2
7	51	73.71	10.47	59	186	188	45.79	2
8	57	59.08	9.93	49	148	155	50.545	2
9	49	76.32	9.4	56	186	188	48.673	2
10	48	61.24	11.5	52	170	176	47.92	2
11	52	82.78	10.5	53	170	172	47.467	2
12	44	73.03	10.13	45	168	168	50.541	1
13	45	87.66	14.03	56	186	192	37.388	1
14	45	66.45	11.12	51	176	176	44.754	1
15	47	79.15	10.6	47	162	164	47.273	1
16	54	83.12	10.33	50	166	170	51.855	1
17	49	81.42	8.95	44	180	185	49.156	1

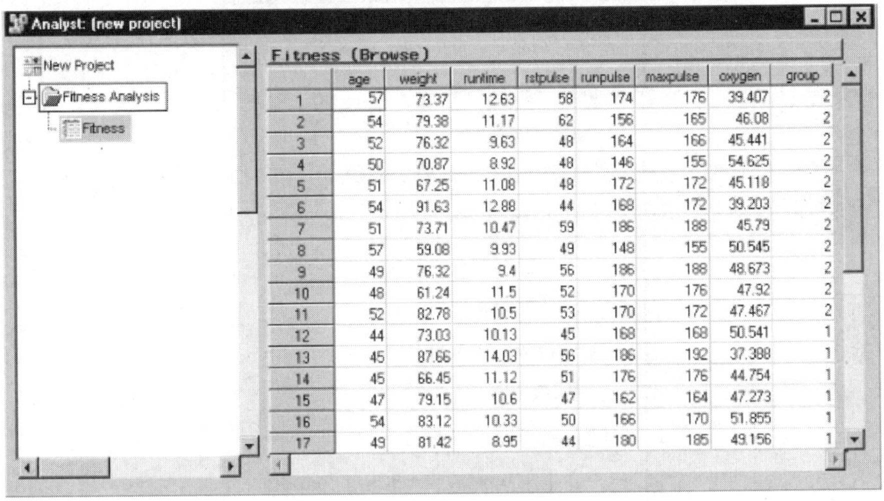

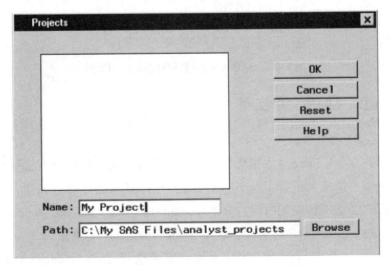

图 8-88　SAS analyst 打开 SAS 数据集后的页面

此后就可以按照需要进行数据分析了。分析完成可以按以下操作保存分析项目：在项目树的顶部选择 New Project→Save；在弹出对话框 Name 后输入 My Project；选择好保存路径；点击 OK 按钮（图 8-89）。

图 8-89　SAS analyst 保存 SAS 数据分析项目

一个项目可以保存多套不同数据集不同分析结果的信息。可以鼠标点击+或－、或鼠标双击项目树上的不同文件夹展开或收缩项目树，方便快速浏览分析结果（图8-90）。

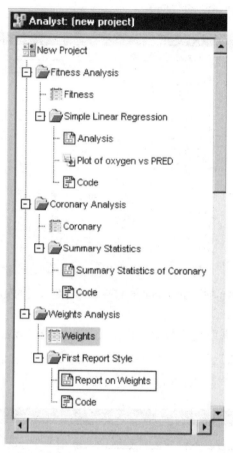

图 8-90　SAS analyst 数据分析项目树状图

三、窗口化数据分析实例

1. 绘制 3D 条形图

例 8-12：利用 Fitness 数据集绘制 3D 条形图。数据集中含有 age（年龄，岁）、weight（体重，公斤）、oxygen（每公斤体重每分钟摄入氧量，毫升）、runtime（跑 2.5 公里所花的时间，分钟）、rstpulse（休息时心率）、runpulse（跑步时心率）、maxpulse（跑步时最大心率）、group（分组数）等变量。

打开该数据集，可按以下步骤操作：菜单选择 Tools→Sample Data，选择 Fitness 数据集，单击 OK，菜单选择 File→Open By SAS Name，从库列表中选择

Sasuser 库，从 Sasuser 库中选择 Fitness 数据集，单击 OK。

在菜单中依次选择 Select Graphs→Bar Chart→Vertical 以绘制垂直条形图出现图 8-91。

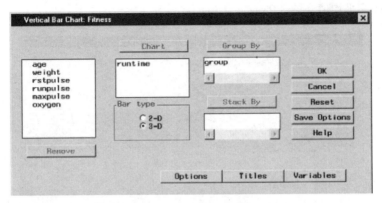

图 8-91　SAS analyst 绘制垂直条形图变量选择示意图

从左侧变量候选列表中选择 runtime，然后单击 Chart 按钮将变量 runtime 设置为图表变量；在 Bar type 下，选择 3-D 使条形图变为三维（2-D 则是二维）；为比较不同组，可在候选变量列表中选择分组变量 group，单击 Group By 按钮，将变量 group 设置为分组变量。

要指定柱状图的数量和外观等选项，可单击 Options 按钮以显示条形图选项对话框（图 8-92）。

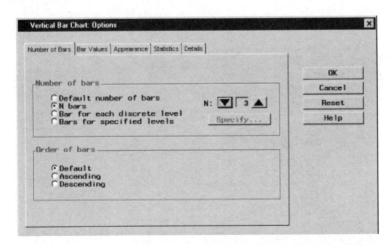

图 8-92　SAS analyst 绘制垂直条形图指定柱状图的数量和外观设置

在 Number of Bars 选项卡下，选择 N bars，然后单击后方的向下箭头，直到

N=3（与分组变量的实际分组数相同）。

在 Bar Values 选项卡下。在 Analysis variables 候选列表中选择 oxygen，单击 Analysis 按钮，使 oxygen 成为分析变量；在 Statistic to chart 下勾选 Average 以显示 oxygen 的平均值（图 8-93）。

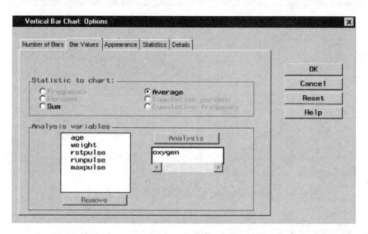

图 8-93　SAS analyst 绘制垂直条形图指定分析变量

选择 Appearance 选项卡（图 8-94）。在 Bar outline 下，单击 Color 按钮，从"颜色属性"中选择"白色"，使条形图轮廓为白色，点击 OK 按钮返回（图 8-95）；在 Change bar appearance with change in 下勾选 Group variable value；点击 OK 按钮返回。

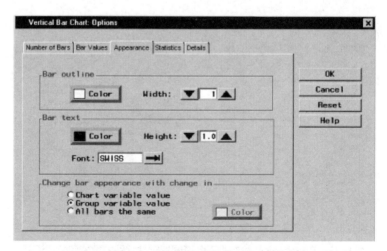

图 8-94　SAS analyst 绘制垂直条形图设置图形外观

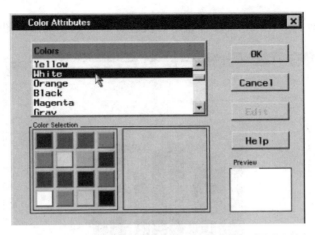

图 8-95　SAS analyst 绘制垂直条形图设置图形轮廓颜色

在图 8-91 界面点击 Titles 按钮设置图标题等信息。在弹出的菜单中选择 Bar Chart 选项卡，在第一个字段输入文字 Runtime and Oxygen Consumed（图 8-96）。

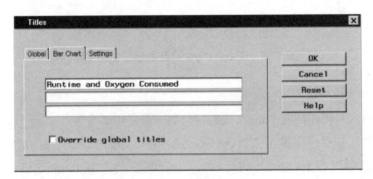

图 8-96　SAS analyst 设置垂直条形图标题等信息

单击 Global 选项卡。在第一个字段中输入 Fitness Report（图 8-97）。此为全局标题，可不输入。点击 OK 按钮保存返回。

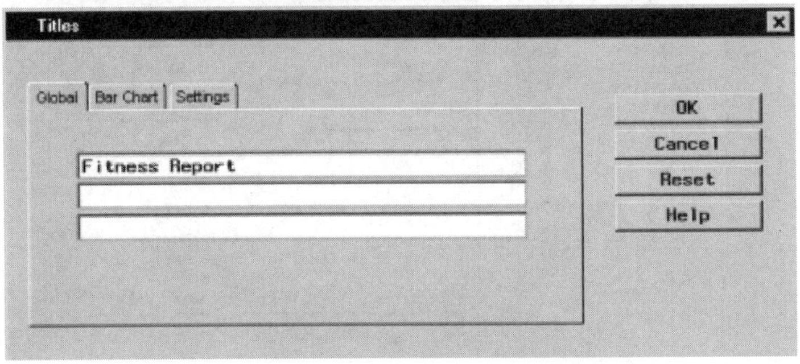

图 8-97　SAS analyst 垂直条形图全局标题设置

完成以上设置后，点击 OK 按钮即可获得图 8-98 的三维条形图。

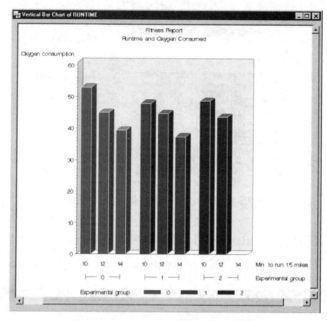

图 8-98　SAS analyst 垂直条形图绘制结果

2. 绘制三维饼图

例 8-13：利用相同的 Fitness 数据集绘制三维饼图。

数据集打开后在菜单中依次选择 Graphs→Pie Chart，在出现的对话框左侧变量候选列表中选择 runtime，然后单击 Chart 按钮将变量 runtime 设置为图表变量；在 Pie type 下，选择 3-D 使饼图变为三维（2-D 则是二维）（图 8-99）。

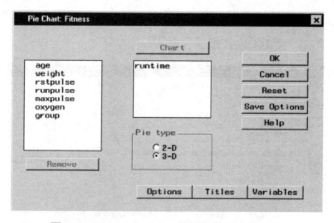

图 8-99　SAS analyst 三维饼图绘制变量选择

要指定饼图的片数等选项，可单击 Options 按钮以显示饼图选项对话框。

在 Number of Slices 选项卡中，点击选择 N slices，并单击向上箭头，直到数字为 10，即设计一个有 10 片的饼图（图 8-100）。

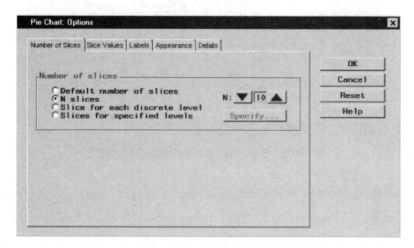

图 8-100　SAS analyst 绘制三维饼图的片数设置

在 Slice Values 选项卡中，选择 Statistic to chart 下的 Percent，以绘制每个相对于整体的百分比（图 8-101）。

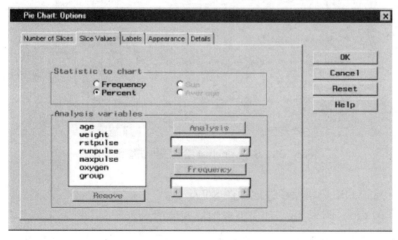

图 8-101　SAS analyst 绘制三维饼图各片百分比绘制设置

在 Labels 选项卡中，选择 Label slices with 下的 Slice level、选择 Corresponding label placement 下的 Arrow，如此绘制的饼图每个标签在饼图外面，并有一个箭头指向相应的片（图 8-102）。

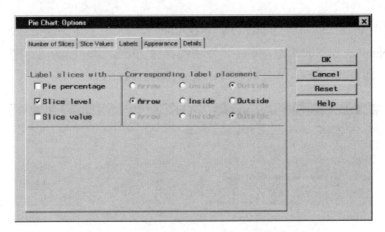

图 8-102　SAS analyst 绘制三维饼图标签设置

在 Details 选项卡中，选择 Label slices with 下的 Slice level、选择 Corresponding label placement 下的 Arrow，取消勾选 Chart options 下的 Show default heading above chart，以便在标题对话框中自主编辑标题（图 8-103）。

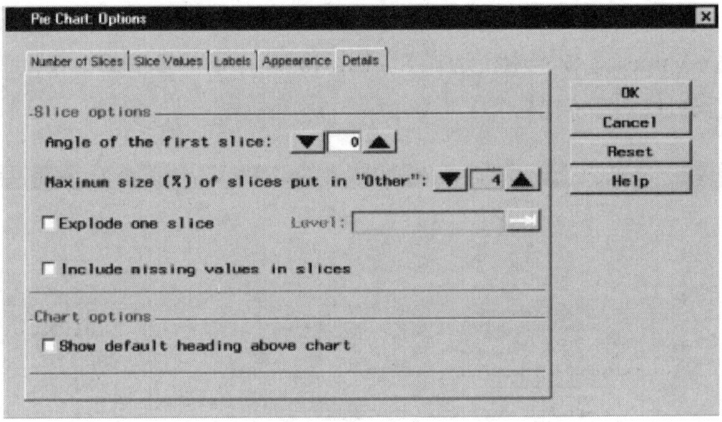

图 8-103　SAS analyst 绘制三维饼图细节设置

鼠标点击 OK 按钮保存并返回图 8-99。

点击图 8-99 中的 Titles 按钮设置图标题等信息。

在弹出的菜单中选择 Pie Chart 选项卡，在第一个字段输入文字 Percentage of Each Runtime（图 8-104）。

同样可单击图 8-104 中的 Global 选项卡输入全局标题。在第一个字段中输入 Fitness Report，点击 OK 按钮保存返回。

再点击 OK 按钮即可获得饼图（图 8-105）。

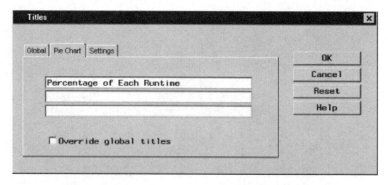

图 8-104　SAS analyst 绘制三维饼图标题设置

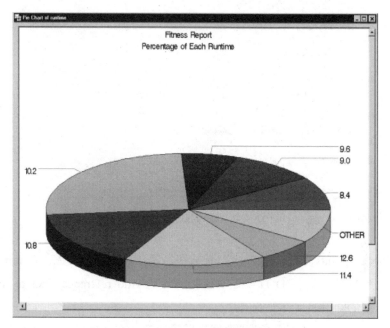

图 8-105　SAS analyst 三维饼图绘制结果

3. 绘制散点图

分别通过菜单依次选择 Graphs→Scatter Plot→Two-Dimensional 或 Graphs→
Scatter Plot→Three-Dimensional 可分别绘制二维或三维散点图。

例 8-14：利用 Fitness 数据集绘制散点图。

数据集打开后在菜单中依次选择 Graphs→Scatter Plot→Two-Dimensional，在
出现的对话框左侧变量候选列表中选择 runtime，然后单击 Y Axis 按钮将变量
runtime 设置为 Y 轴变量；同理选择变量 age 设置为 X 轴变量（图 8-106）。

单击 Display 按钮出现散点图显示对话框（图 8-107）。

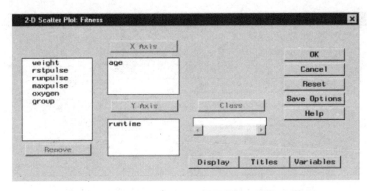

图 8-106　SAS analyst 散点图绘制变量选择示意图

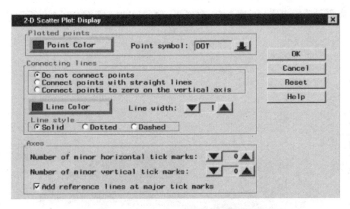

图 8-107　SAS analyst 散点图显示设置图

在 Plotted points 下点击 Point Color 按钮，从颜色中选择红色；在 Point symbol 旁点击向下的箭头选择 DOT；在 Axes 下，勾选 Add reference lines at major tick marks；点击 OK 按钮保存并返回。

点击图 8-106 中 Titles 按钮设置图标题等信息。在 2-D Scatter Plot 选项卡第一个字段输入 Age versus Runtime（图 8-108）。

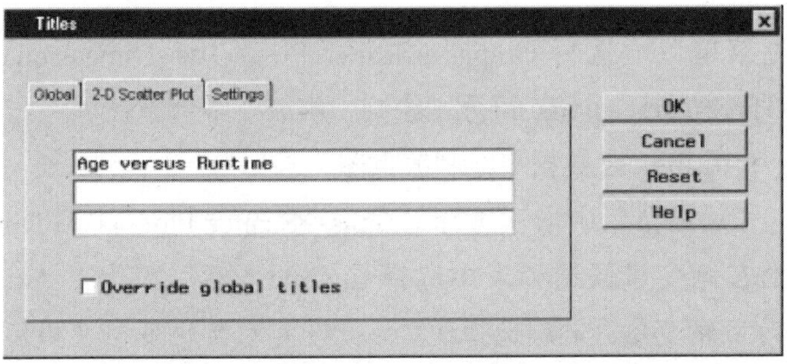

图 8-108　SAS analyst 散点图标题设置图

点击 OK 按钮保存并返回。输入全局标题（图 8-109）。

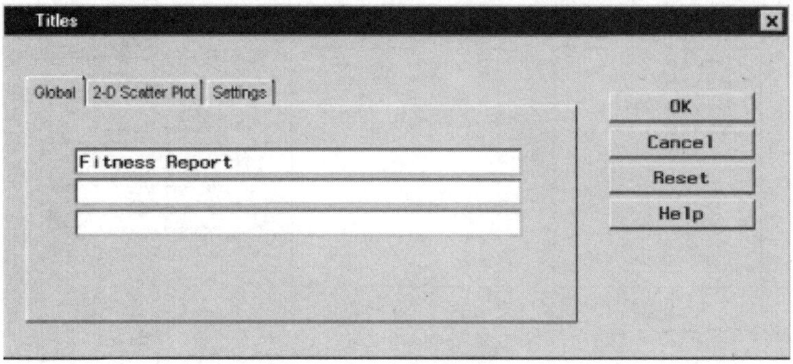

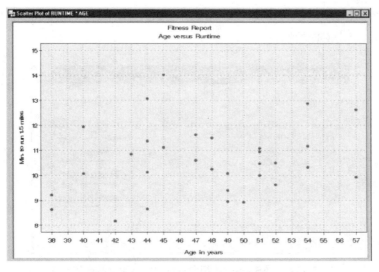

图 8-109　SAS analyst 散点图全局标题设置图

点击 OK 按钮保存并返回。再点击 OK 按钮即可获得结果（图 8-110）。

图 8-110　SAS analyst 散点图绘制结果

4. 描述性统计分析

SAS analyst 可以进行频次分析、基本统计信息以及分布分析等简单的描述性统计分析。

例 8-15：对 Sasuser 数据库下 Bthdth92 数据集中的变量 region 进行频次分析。

按前述方法打开后依次从菜单选择 Statistics→Descriptive→Frequency Counts 进行频次分析。从弹出的对话框中左侧变量列表选择 region 变量作为待分析频率变量，点击 Frequencies 按钮进入其下方列表（图 8-111）。

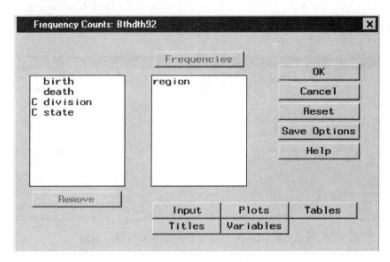

图 8-111　SAS analyst 频次分析变量选择图

如需在频次分析外制作水平柱状图，可点击 Plots 按钮，在弹出菜单中勾选 Horizontal，点击 OK 按钮返回（图 8-112）。

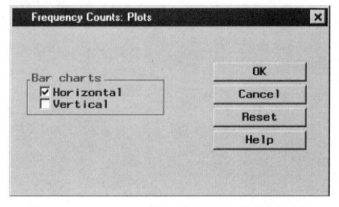

图 8-112　SAS analyst 频次分析输出水平柱状图的方法

点击 OK 按钮提交分析。随后即可在 New Project 导航栏中浏览并点击查看相应的分析结果（图 8-113）。

例 8-16：对 Sasuser 数据库下 Bthdth 92 数据集中的不同地区（region）、出生（birth）和死亡（death）数据进行基本统计信息分析。在菜单中依次选择 Statistics→Descriptive→Summary Statistics，从左侧变量列表中选择分析变量 birth 和 death，点击 Analysis 按钮，再选择 region，点击 Class 按钮将 region 作为分组变量（图 8-114）。

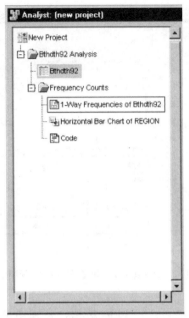

(a)导航栏

The FREQ Procedure

region	Frequency	Percent	Cumulative Frequency	Cumulative Percent
MW	12	23.53	12	23.53
NE	9	17.65	21	41.18
S	17	33.33	38	74.51
W	13	25.49	51	100.00

(b)频次分析表

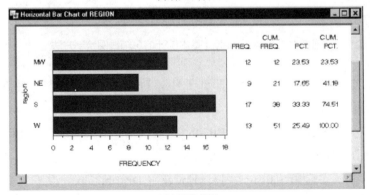

(c)水平柱状图

图 8-113　SAS analyst 频次分析结果

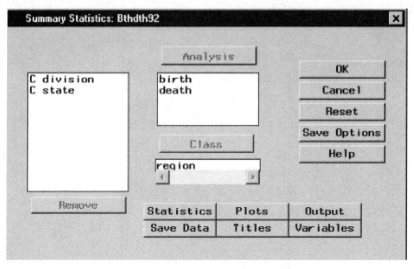

图 8-114　SAS analyst 基本统计信息变量选择图

如需同时制作箱线图，可点击 Plots 按钮，在弹出菜单中勾选 Box-&-whisker plot，点击 OK 按钮返回（图 8-115）。

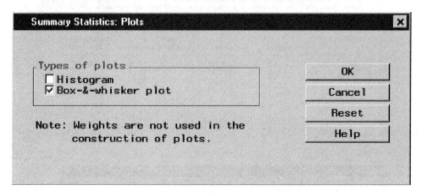

图 8-115　SAS analyst 基本统计信息箱线图绘制方法

点击 OK 按钮提交分析。随后即可在 New Project 导航栏中浏览并点击查看相应的分析结果（图 8-116）。

例 8-17：对 Sasuser 数据库下 Bthdth 92 数据集中的不同地区（region）、出生（birth）和死亡（death）数据进行分布分析。

在菜单中依次选择 Statistics→Descriptive→ Distributions，从左侧变量列表中选择分析变量 birth 和 death，点击 Analysis 按钮，再选择 region，点击 Class 按钮将 region 作为分组变量（图 8-117）。

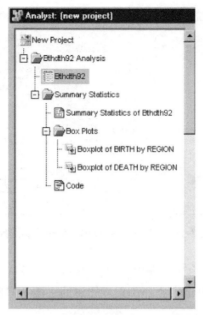

(a)导航栏

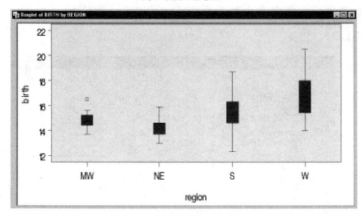

(b)基本统计信息表

(c)箱线图

图 8-116 SAS analyst 频次分析结果

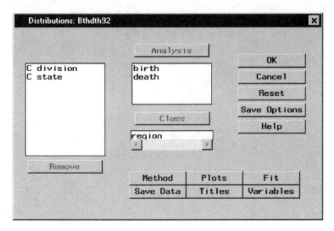

图 8-117　SAS analyst 分布分析变量选择图

如需同时制作箱线图和直方图，可点击 Plots 按钮，在弹出菜单中勾选 Box-&-whisker plot 和 Histogram，点击 OK 按钮返回（图 8-118）。

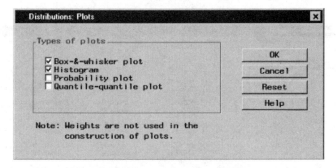

图 8-118　SAS analyst 分布分析输出箱线图和直方图方法示意图

如需指定进行正态分布分析，需点击 Fit 按钮。勾选 Normal，点击 OK 按钮返回（图 8-119）。

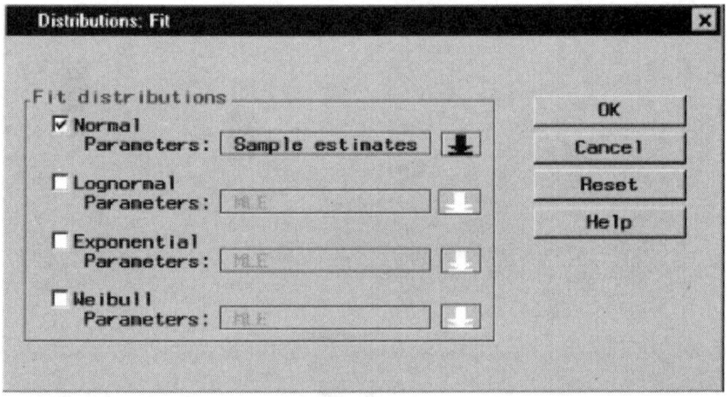

图 8-119　SAS analyst 分布分析输出正态分布图方法示意图

点击 OK 按钮提交分析。随后即可在 New Project 导航栏中浏览并点击查看相应的分析结果（图 8-120）。

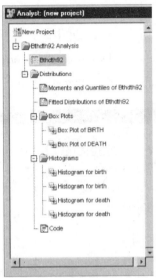

(a)导航栏

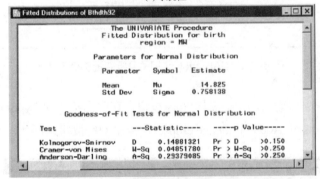

(b)分布分析基本统计信息表

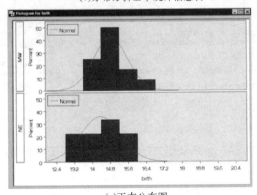

(c)正态分布图

图 8-120 SAS analyst 分布分析结果

5. 相关分析

SAS analyst 将相关分析划分为描述性统计分析，为与前述章节一致，特单列出来。

例 8-18：对前述例 8-12 Fitness 数据集中的变量 runtime、runpulse、maxpulse 与 oxygen 变量之间的相关性进行分析，并生成具有置信椭圆的相应散点图。

从菜单中依次选择 Statistics → Descriptive → Correlations。从左侧变量列表中选择变量 runtime、runpulse、maxpulse 和 oxygen，点击 Correlate 按钮（图 8-121）。

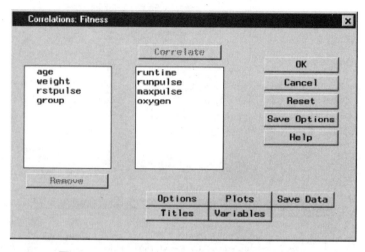

图 8-121　SAS analyst 相关分析变量选择示意图

如需同时制作散点图，可点击 Plots 按钮，在弹出菜单中 Types of plots 下依次勾选 Scatter plots 和 Add confidence ellipses，点击 OK 按钮返回（图 8-122）。

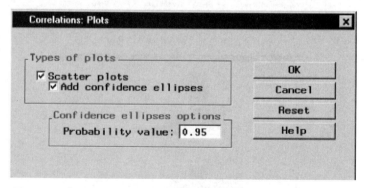

图 8-122　SAS analyst 相关分析选择输出散点图和置信椭圆示意图

在 correlation 主对话框中单击 OK 进行分析，此时将默认输出 Pearson 相关性。也可以通过点击 Options 对话框要求输出特定类型的相关性。在 New Project

导航栏中可浏览并点击查看相应的分析结果（图 8-123）。

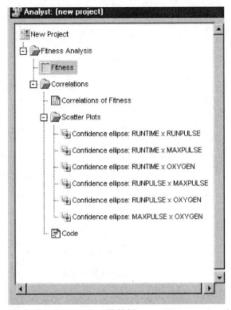

(a)导航栏

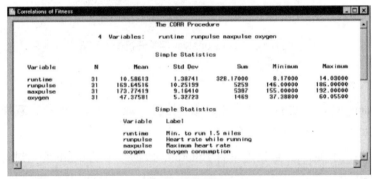

(b)基本统计信息表

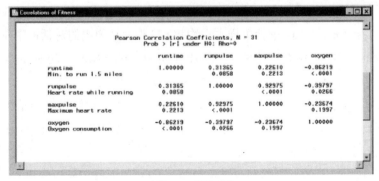

(c)Pearson相关系数

图 8-123

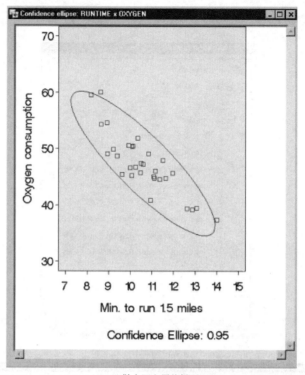

(d)散点图和置信椭圆图

图 8-123　SAS analyst 相关分析输出结果

6. 假设检验

SAS analyst 可以进行单样本平均数 t 检验、成对样本 t 检验、双样本比例检验、双样本方差检验等统计分析。

例 8-19：对 Sasuser 数据库下有 Bthdth92 数据集中的 death 变量进行单样本平均数 t 检验。

打开 Bthdth92 数据集，依次从菜单选择 Statistics→Hypothesis Tests→One-Sample t-Test for a Mean 进行单样本平均数 t 检验。从弹出的对话框中左侧变量列表选择 death 变量作为待分析变量，在 Hypotheses 下的 Null 后的 Mean =方框中输入 8 并回车。在 Alternate 后点击选择 Mean^=0（图 8-124）。

该分析输出结果默认只包括变量 death 的样本统计和假设检验结果。如需额外输出平均数的置信区间，可点击 Tests 按钮，在弹出菜单中勾选 Interval，点击 OK 按钮返回（图 8-125）。

还可点击 Plots 按钮，在弹出菜单中勾选 t distribution plot 以输出 t 分布图，点击 OK 按钮返回（图 8-126）。

One-Sample t-test for a Mean: Bthdth92
Variable
death
C region
C division
C state
birth
Remove
Hypotheses
Null: Mean = 0
Alternate:
Mean ^= 0
Mean > 0
Mean < 0
OK
Cancel
Reset
Save Options
Help
Tests
Plots
Titles
Variables

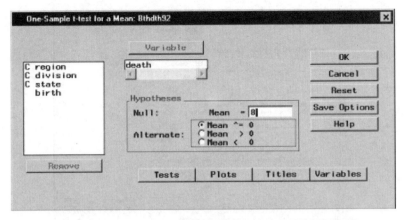

图 8-124 SAS analyst 单样本平均数 t 检验变量选择示意图

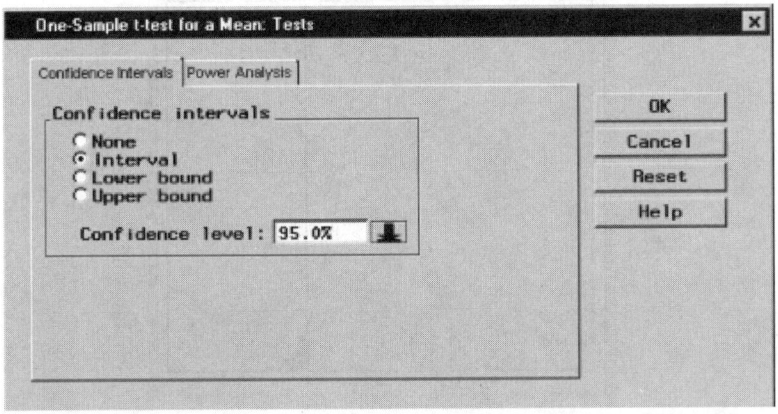

One-Sample t-test for a Mean: Tests
Confidence Intervals
Power Analysis
Confidence intervals
None
Interval
Lower bound
Upper bound
Confidence level: 95.0%
OK
Cancel
Reset
Help

图 8-125 SAS analyst 单样本平均数 t 检验输出置信区间选择示意图

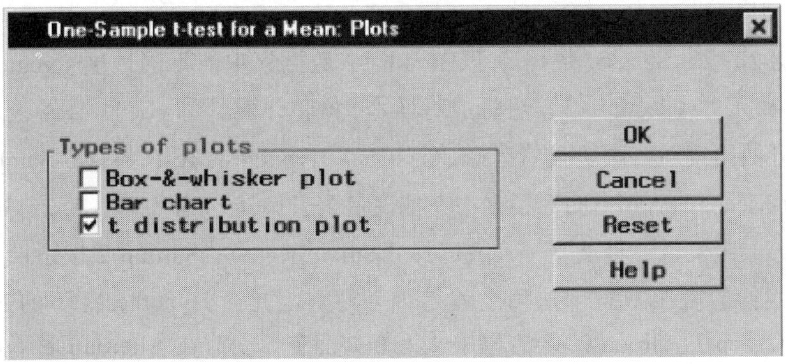

One-Sample t-test for a Mean: Plots
Types of plots
Box-&-whisker plot
Bar chart
t distribution plot
OK
Cancel
Reset
Help

图 8-126 SAS analyst 单样本平均数 t 检验输出 t 分布图选择示意图

点击 OK 按钮提交分析即可获得分析结果（图 8-127）。

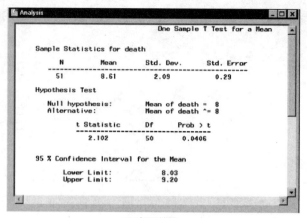

(a)检验结果

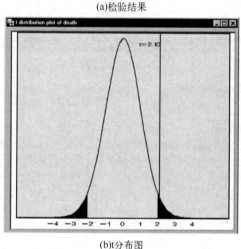

(b)t分布图

图 8-127　SAS analyst 单样本平均数 t 检验分析结果

例 8-20：对 Sasuser 数据库下 Bthdth 92 数据集中的不同地区（region）出生（birth）和死亡（death）数据进行成对样本 t 检验分析。

打开数据集后依次从菜单选择 Statistics→Hypothesis Tests →Two-Sample Paired t-test for Means。从弹出的对话框中左侧变量列表选择 birth 变量，点击 Group 1 按钮设为第一组变量；再从变量列表选择 death 变量，点击 Group 2 按钮设为第二组变量；因检验两组数据平均值之差是否为零，因此在 Hypotheses 下的 Null 下的 Mean（Group 1－Group 2）＝方框中输入 0 并回车。同时在 Alternative 下点击选择 Mean（Group 1－Group 2）^=0（图 8-128）。

如需额外输出箱线图均值图，可点击 Plots 按钮，在弹出菜单中勾选 Box-&-whisker plot 和 Means plot，点击 OK 按钮返回（图 8-129）。

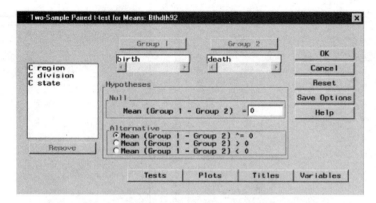

图 8-128　SAS analyst 成对样本 t 检验变量选择示意图

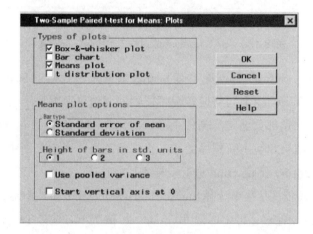

图 8-129　SAS analyst 成对样本 t 检验输出箱线图和均值图选择示意图

点击 OK 按钮提交分析即可获得分析结果（图 8-130）。

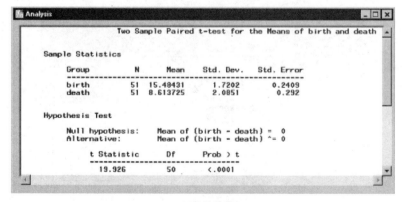

(a)检验结果

图 8-130

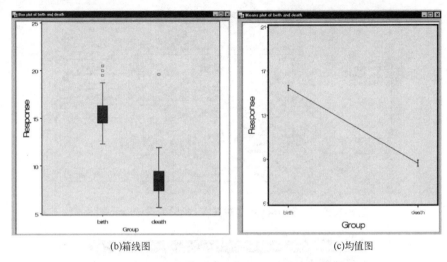

(b)箱线图   (c)均值图

图 8-130　SAS analyst 成对样本 t 检验分析结果

例 8-21：假定 Sasuser 数据库下有 Search 数据集，数据集 Search 包含两个样本，记录了利用新旧两个不同的搜索程序搜索返回结果，观察结果"Yes"表示程序返回页面列表的顶部页面是所需的页面；"No"则不是。共包含使用旧搜索程序的 535 次搜索结果和使用新程序的 409 次搜索结果。变量分别命名为 oldfind 和 newfind。试对 oldfind 和 newfind 进行双样本比例检验。

打开数据集后依次从菜单选择 Statistics→Hypothesis Tests→Two-Sample Test for Proportions。从弹出的对话框中标记为 Groups are in 的下方选择 Two variables；选择变量 newfind，点击 Group 1 按钮；选择变量 oldfind，点击 Group 2 按钮；单击标记为 Level of Interest 下方的向下箭头，选择 yes 测试两组的成功比例是否相同；在 Hypothesis 标记下的 Alternative 处点击选择 Prop 1 - Prop 2>0（图 8-131）。

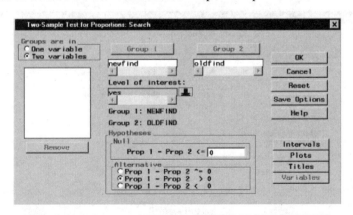

图 8-131　SAS analyst 双样本比例检验分析变量选择示意图

注意：如果两个组的值包含在一个变量中，则可以通过在标记为 Groups are in 的框中选择 One variable 来定义因变量和组变量。

点击 OK 按钮提交分析即可获得分析结果（图 8-132）。

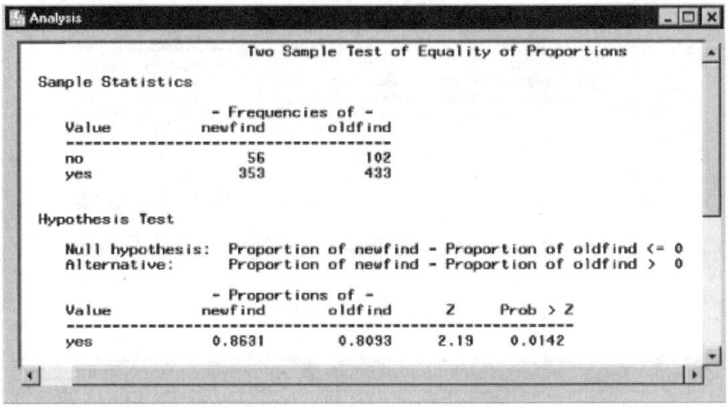

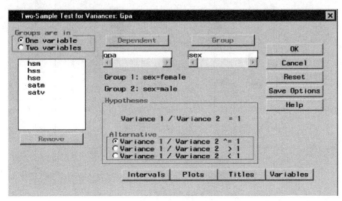

图 8-132　SAS analyst 双样本比例检验结果

例 8-22：利用例 8-2 中成绩绩点数据集 GPA 中的变量 gpa 记载的平均绩点数据进行双样本方差检验（即同质性分析）检验男女生之间平均绩点是否存在差异。

假定该数据集位于 Sasuser 数据库下，打开数据集，依次从菜单选择 Statistics→Hypothesis Tests →Two-Sample Test for Variances。

在出现的对话框中左侧选择 gpa 变量，鼠标点击 Dependent 按钮，变量 gpa 就会出现在 Dependent 按钮下的方框中。再选择 sex 变量，点击 Group 按钮设置 sex 变量为分组变量。注意，前已叙及，Groups are in 下方的选择项依据分析的变量是 1 个还是 2 个而定，本次选择 1。检验的 H_0 是两个方差相等（即二者的比值等于 1）；HA，即 Alternative 下需要选择第一项，表示两个方差之比不等于 1（图 8-133）。

图 8-133　SAS analyst 双样本方差检验分析变量选择示意图

如需额外绘制箱线图，可点击 Plots 按钮，在弹出菜单中勾选 Box-&-whisker plot（mean of 0），点击 OK 按钮返回（图 8-134）。

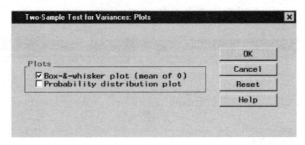

图 8-134　SAS analyst 双样本方差检验分析输出箱线图

单击 OK 按钮执行假设检验获得结果（图 8-135）。

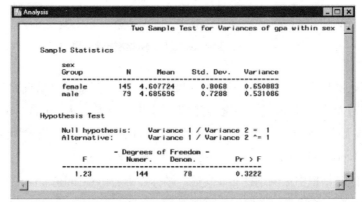

(a)方差检验结果

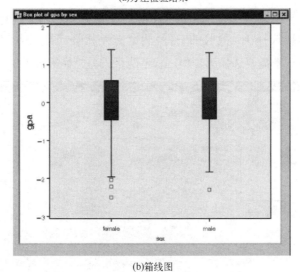

(b)箱线图

图 8-135　SAS analyst 双样本方差检验结果

　　除此以外，利用 SAS analyst 还可以进行单样本平均数 Z 检验、单样本比例检验、单样本方差检验、双样本平均数 t 检验等假设检验，操作方法与上述类似，在此不再赘述。

　　7. 表格分析

　　利用 SAS analyst 可以分析列联表或交叉分类表中的信息，可以分析单个表，也可以分析一组表。其目的是评估表中是否存在关联，或确定行变量和列变量之间是否存在某种关系。如表的行或列有固定顺序，则可能是线性关系。皮尔逊卡方和似然比卡方等统计分析方法可归于此类。

　　首先看 2×2 表的关联分析示例。通常 2×2 频次表中列表示某种结果，通常是"是"或"否"，行表示可能影响结果的因素级别。

　　例 8-23：研究人员对一种新型"无痛"创可贴使用后儿童的反应。尝试测试使用新型创可贴的儿童是否比使用普通创可贴的儿童在取下创可贴时被记录的抱怨更少。建立一个双向表格，表格包含创可贴类型和投诉状态以及频次，试评估该表格的行和列之间的关联关系（图 8-136）。

Bandaid (Browse)	type	outcome	count
1	regular	complain	14
2	regular	no	16
3	test	complain	10
4	test	no	30

图 8-136　2×2 表数据集 1

　　打开数据集后依次从菜单中选择 Statistics→Table Analysis；从变量列表中选择 type，鼠标点击 Row 按钮；从变量列表中选择 outcome，鼠标点击 Column 按钮；从变量列表中选择 count，鼠标点击 Cell Counts 按钮（图 8-137）。

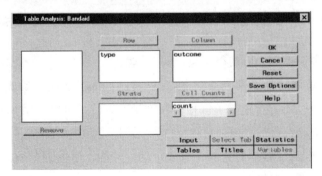

图 8-137　SAS analyst 2×2 表格分析变量选择示意图

以上设置即可构建一个 2×2 表格。如需进行关联卡方检验及优势比值等，可点击 Statistcs 按钮。在弹出菜单中勾选 Chi-square statistics 和 Measures of association，点击 OK 按钮返回（图 8-138）。

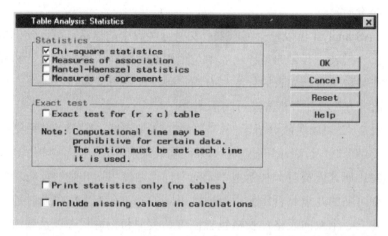

图 8-138　SAS analyst 2×2 表格分析输出关联卡方检验及优势比值选择示意图

还可以自定义显示表的形式，点击 Tables 按钮。在弹出菜单 Frequencies 下勾选 Observed、在 Percentages 下勾选 Row，点击 OK 按钮返回（图 8-139）。

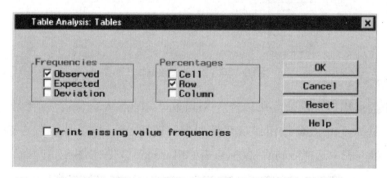

图 8-139　SAS analyst 2×2 表格分析自定义显示表的形式选择示意图

点击 OK 按钮提交分析获得结果（图 8-140）。

2×2 表的总观察量通常为 20～25 个，其中 80% 的表单元数大于 5，当 2×2 表样本容量较少，不符合通常关联检验样本量准则时，可以采用 Fishers 精确检验策略。

例 8-24：在 Gym 数据集采集了有氧运动、瑜伽、举重、篮球、排球等团队运动及交叉训练。调查变量 DietChange 是否改变饮食（图 8-141）。

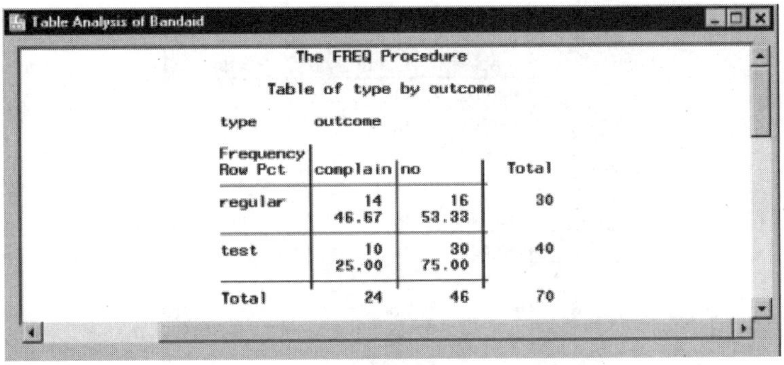

Table Analysis of Bandaid

The FREQ Procedure

Table of type by outcome

type / Frequency / Row Pct	outcome: complain	no	Total
regular	14 46.67	16 53.33	30
test	10 25.00	30 75.00	40
Total	24	46	70

(a)2×2关联表

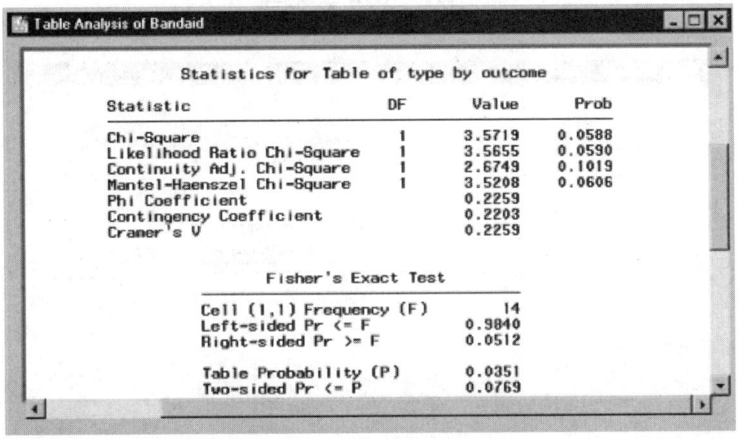

Table Analysis of Bandaid

Statistics for Table of type by outcome

Statistic	DF	Value	Prob
Chi-Square	1	3.5719	0.0588
Likelihood Ratio Chi-Square	1	3.5655	0.0590
Continuity Adj. Chi-Square	1	2.6749	0.1019
Mantel-Haenszel Chi-Square	1	3.5208	0.0606
Phi Coefficient		0.2259	
Contingency Coefficient		0.2203	
Cramer's V		0.2259	

Fisher's Exact Test

Cell (1,1) Frequency (F)	14
Left-sided Pr <= F	0.9840
Right-sided Pr >= F	0.0512
Table Probability (P)	0.0351
Two-sided Pr <= P	0.0769

(b)卡方检验结果

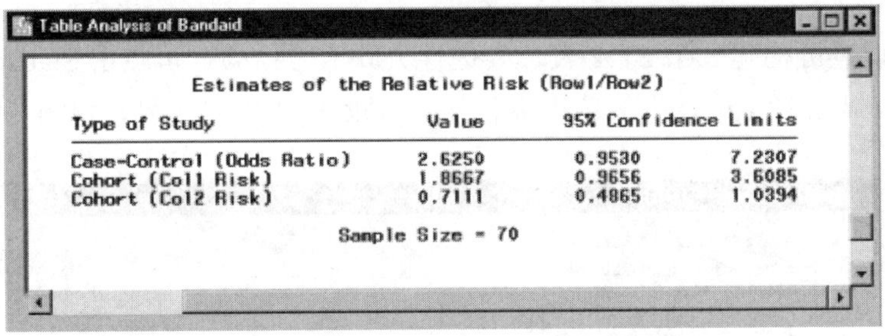

Table Analysis of Bandaid

Estimates of the Relative Risk (Row1/Row2)

Type of Study	Value	95% Confidence Limits	
Case-Control (Odds Ratio)	2.6250	0.9530	7.2307
Cohort (Col1 Risk)	1.8667	0.9656	3.6085
Cohort (Col2 Risk)	0.7111	0.4865	1.0394

Sample Size = 70

(c)优势比值结果

图 8-140　SAS analyst 2×2 表格分析结果

打开数据集后先按前一例进行 2×2 表的关联分析。依次从菜单中选择 Statistics→Table Analysis；从变量列表中选择 activity，鼠标点击 Row 按钮；从变量列表中选择 DietChange，鼠标点击 Column 按钮；从变量列表中选择 count，鼠标点击 Cell Counts 按钮（图 8-142）。

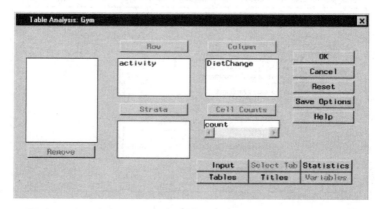

图 8-141　2×2 表数据集 2

图 8-142　SAS analyst 2×2 表格分析示例 8-24 变量选择示意图

以上设置可构建一个 2×2 表。要进行关联卡方检验，可点击 Statistcs 按钮。在弹出菜单中勾选 Chi-square statistics，点击 OK 按钮返回（图 8-143）。

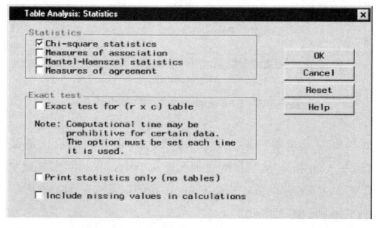

图 8-143　SAS analyst 2×2 表格分析输出关联卡方检验选择示意图

点击 OK 按钮提交分析获得结果（图 8-144）。

Table Analysis of Gym

The FREQ Procedure

Table of activity by DietChange

activity Frequency Row Pct	DietChange no	yes	Total
aerobics	8 38.10	13 61.90	21
cross	13 54.17	11 45.83	24
team	16 57.14	12 42.86	28
weights	19 86.36	3 13.64	22
yoga	2 40.00	3 60.00	5
Total	58	42	100

(a)2×2关联表

Table Analysis of Gym

Statistics for Table of activity by DietChange

Statistic	DF	Value	Prob
Chi-Square	4	11.4993	0.0215
Likelihood Ratio Chi-Square	4	12.5455	0.0137
Mantel-Haenszel Chi-Square	1	5.5259	0.0187
Phi Coefficient		0.3391	
Contingency Coefficient		0.3211	
Cramer's V		0.3391	

Sample Size = 100

(b)卡方检验结果

图 8-144　SAS analyst 2×2 表格分析例 8-24 结果

按前一例进行 2×2 表的关联分析方法显示皮尔逊卡方统计值为 11.4993，相关 p 值为 0.0215，自由度为 4。如果是做严格的假设检验，会拒绝在 α=0.05 显著性水平上没有关联的假设。但是，如果仔细查看输出结果的 2×2 关联表，会看到表中有三个单元格的计数小于 5［图 8-144（a）]，这违反了检验的样本容量准则，需要进行 Fishers 精确检验。

为此，在上述步骤中指定 Row、Column 和 Cell Counts 等变量，并点击 Statistcs 按钮后（图 8-142），需要在弹出菜单中勾选 Chi-square statistics 的同时勾选 Exact test 下的 Exact test for（r×c）table，点击 OK 按钮返回（图 8-145）。

点击 OK 按钮提交分析获得结果（图 8-146）。

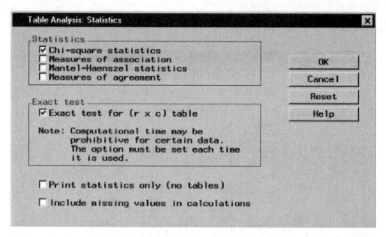

图 8-145　SAS analyst 2×2 表格分析例 8-24 进行 Fishers 精确检验选择示意图

图 8-146　SAS analyst 2×2 表格分析例 8-24 精确检验结果

　　Fishers 精确检验计算出的 p 值为 0.0139，拒绝该表中无关联的 H_0 假设，即表的行和列之间有某种联系，说明初级活动的类型对参与者是否考虑改变饮食有影响。不仅联系的程度不同，而且联系的方向也不同。便于市场研究公司在新的食品和饮食杂志广告活动中，针对体育和健身杂志提出不同建议。

　　例 8-25：回到表格关联分析的第一个例子，如果在 A、B、C、D 和 E 等 5 个不同的诊所调查了类似例 8-23 分层数据（图 8-147），试整合在一起进行分析？

　　打开数据集后依次从菜单中选择 Statistics→Table Analysis；从变量列表中选择 type，鼠标点击 Row 按钮；从变量列表中选择 outcome，鼠标点击 Column 按钮；从变量列表中选择 count，鼠标点击 Cell Counts 按钮；从变量列表中选择 clinic，鼠标点击 Strata 按钮。注意，这次增加了地点变量 clinic（图 8-148）。

Studybandaid (Browse)

	clinic	type	outcome	count
1	A	regular	complain	14
2	A	regular	no	17
3	A	test	complain	11
4	A	test	no	31
5	B	regular	complain	22
6	B	regular	no	21
7	B	test	complain	10
8	B	test	no	40
9	C	regular	complain	22
10	C	regular	no	28
11	C	test	complain	15
12	C	test	no	30
13	D	regular	complain	15
14	D	regular	no	18
15	D	test	complain	8
16	D	test	no	29
17	E	regular	complain	20
18	E	regular	no	30
19	E	test	complain	15
20	E	test	no	29

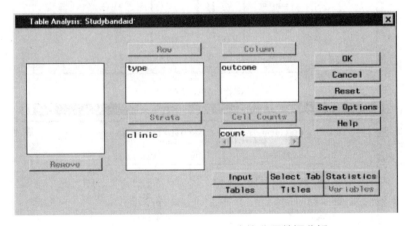

图 8-147　2×2 表分层数据集

图 8-148　SAS analyst 2×2 表格分层数据分析

点击 Statistcs 按钮。在弹出菜单中勾选 Chi-square statistics 和 Mantel-Haenszel Statistics［Cochran-Mantel-Haenszel 卡方检验可缩写为 CMH 检验，也称线性趋势检验（Test for Linear Trend）或定序检验（Linear by Linear Test）］，点击 OK 按钮返回（图 8-149）。

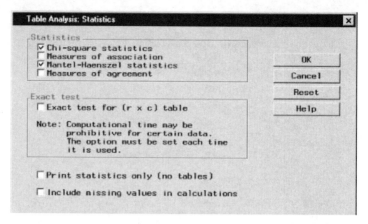

图 8-149　SAS analyst 2×2 表格分层数据分析输出关联卡方 CMH 检验等选择示意图

点击 OK 按钮提交分析获得结果（图 8-150～图 8-152）。

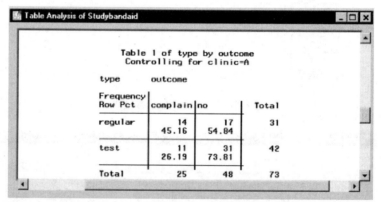

(a)诊所A的2×2关联表

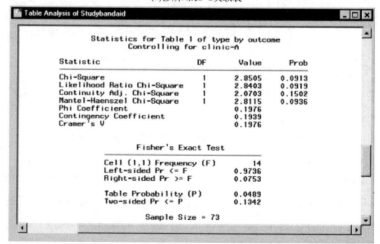

(b)诊所A的卡方差检验结果

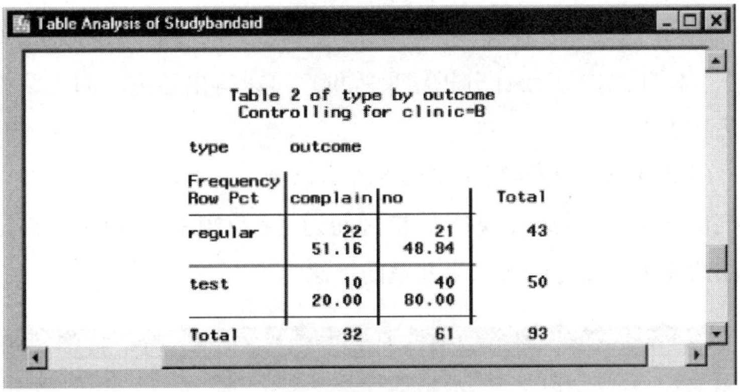

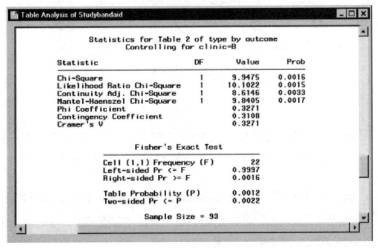

Table Analysis of Studybandaid

Table 2 of type by outcome
Controlling for clinic=B

type / Frequency / Row Pct	outcome: complain	no	Total
regular	22 51.16	21 48.84	43
test	10 20.00	40 80.00	50
Total	32	61	93

(c)诊所B的2×2关联表

Table Analysis of Studybandaid

Statistics for Table 2 of type by outcome
Controlling for clinic=B

Statistic	DF	Value	Prob
Chi-Square	1	9.9475	0.0016
Likelihood Ratio Chi-Square	1	10.1022	0.0015
Continuity Adj. Chi-Square	1	8.6146	0.0033
Mantel-Haenszel Chi-Square	1	9.8405	0.0017
Phi Coefficient		0.3271	
Contingency Coefficient		0.3108	
Cramer's V		0.3271	

Fisher's Exact Test

Cell (1,1) Frequency (F)	22
Left-sided Pr <= F	0.9997
Right-sided Pr >= F	0.0016
Table Probability (P)	0.0012
Two-sided Pr <= P	0.0022

Sample Size = 93

(d)诊所B的方差检验结果

图 8-150　SAS analyst 2×2 表格分层数据分析结果

针对不同诊所的试验结果分别列示，除诊所 C 和诊所 E 没有关联的证据，其他诊所 A、B、D 均有关联（由结果给出的皮尔逊卡方统计值和对应的 p 值判断）（图 8-150）。

Table Analysis of Studybandaid

Summary Statistics for type by outcome
Controlling for clinic

Cochran-Mantel-Haenszel Statistics (Based on Table Scores)

Statistic	Alternative Hypothesis	DF	Value	Prob
1	Nonzero Correlation	1	14.2206	0.0002
2	Row Mean Scores Differ	1	14.2206	0.0002
3	General Association	1	14.2206	0.0002

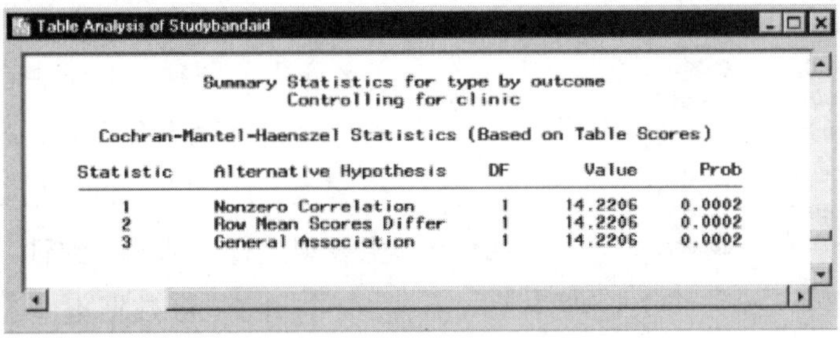

图 8-151　SAS analyst 2×2 表格分层数据分析 CMH 检验结果

CMH 统计汇总表中 3 种关联分析值都是 14.2206，p 值为 0.0002，自由度为 1（图 8-151）。本例 2×2 表统计分析结果等价，可以得出结论，创可贴的类型与投诉状态显著相关。

注意，CMH 统计分析时要求足够的样本总量。

本研究的比值为 2.1597，95%置信区间为（1.4420,3.2348）（图 8-152）。说明新型创可贴的使用可显著降低一半儿童的抱怨。

Table Analysis of Studybandaid

Estimates of the Common Relative Risk (Row1/Row2)

Type of Study	Method	Value	95% Confidence Limits	
Case-Control (Odds Ratio)	Mantel-Haenszel	2.1597	1.4420	3.2348
	Logit	2.1561	1.4331	3.2439
Cohort (Col1 Risk)	Mantel-Haenszel	1.6446	1.2637	2.1402
	Logit	1.6112	1.2355	2.1013
Cohort (Col2 Risk)	Mantel-Haenszel	0.7563	0.6510	0.8787
	Logit	0.7606	0.6545	0.8838

Breslow-Day Test for Homogeneity of the Odds Ratios

Chi-Square	4.4750
DF	4
Pr > ChiSq	0.3455

Total Sample Size = 425

图 8-152　SAS analyst 2×2 表格分层数据分析优势比值结果

此外，输出结果中还有 Breslow-Day 同质性检验结果，该检验的 p 值为 0.3455，不能拒绝原假设。不同于 CMH 统计的样本总量要求，该测试的样本量要求是每个单独的表必须有足够的样本量。

列联表数据分析也可以用于研究不同的观察者对同一研究对象在不同的时间或不同的条件下测试新过程、新培训或新工具效果的研究。该类分析称观察者模式分析或观察者一致性分析（Observer Agreement），即考察 2 位及以上观察者对同一研究对象进行评估的一致性。

Piano (Browse)

	Rater1	Rater2	count
1	good	good	5
2	good	skilled	1
3	good	superior	0
4	skilled	good	2
5	skilled	skilled	5
6	skilled	superior	2
7	superior	good	1
8	superior	skilled	1
9	superior	superior	3

图 8-153　SAS analyst 列联表观察者模式分析数据集

例 8-26：Piano 数据集中记录的是 2 名评委分别独立对学生钢琴演奏表现打分（由低到高分为好、熟练、优秀三个等次）的结果，试评估 2 名评委对学生表现进行评估的一致性。

打开 Piano 数据集（图 8-153）。

从菜单中依次选择 Statistics→Table

Analysis；从变量列表中选择 Rater1，鼠标点击 Row 按钮；从变量列表中选择 Rater2，鼠标点击 Column 按钮；从变量列表中选择 count，鼠标点击 Cell Counts 按钮（图 8-154）。

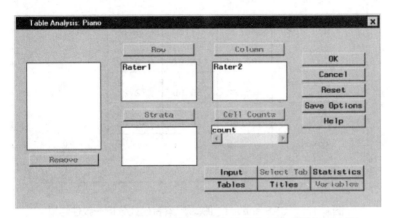

图 8-154 SAS analyst 列联表观察者模式分析变量选择示意图

点击 Statistics 按钮。在弹出菜单中勾选 Measures of agreement，点击 OK 按钮返回（图 8-155）。

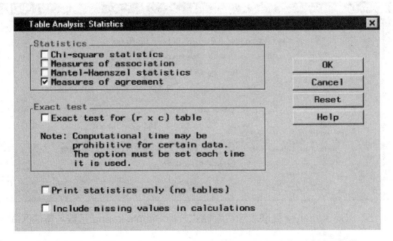

图 8-155 SAS analyst 列联表观察者模式分析变量选择示意图

点击 OK 按钮提交分析获得结果（图 8-156 和图 8-157）。

大多数频率出现在左上至右下的对角线上，这是期望的一致性（即 2 名评委对同一人的评分一致）。不在该对角线的几个学生表明评委对其表现评分不一致。差别尤其大的是有一个学生被 Rater2 评为"好"但被 Rater1 评为"优秀"（图 8-156）。

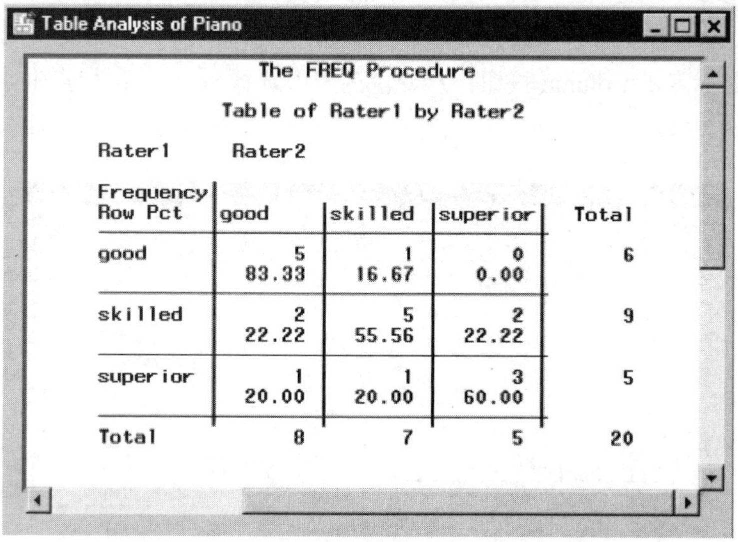

Table Analysis of Piano

The FREQ Procedure

Table of Rater1 by Rater2

Rater1 / Rater2 (Frequency, Row Pct)	good	skilled	superior	Total
good	5 83.33	1 16.67	0 0.00	6
skilled	2 22.22	5 55.56	2 22.22	9
superior	1 20.00	1 20.00	3 60.00	5
Total	8	7	5	20

图 8-156 SAS analyst 列联表观察者模式分析一致性结果

Simple kappa 系数为 0.4697，95%置信区间为（0.1566,0.7828），表明两者评级的一致性较好（图 8-157）。

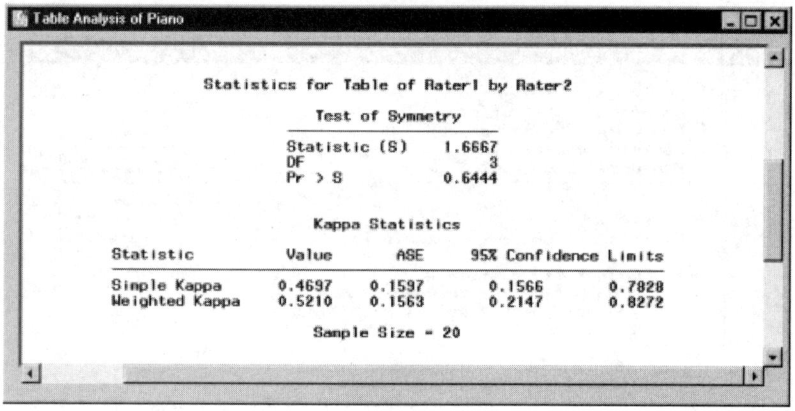

Table Analysis of Piano

Statistics for Table of Rater1 by Rater2

Test of Symmetry

Statistic (S)	1.6667
DF	3
Pr > S	0.6444

Kappa Statistics

Statistic	Value	ASE	95% Confidence Limits	
Simple Kappa	0.4697	0.1597	0.1566	0.7828
Weighted Kappa	0.5210	0.1563	0.2147	0.8272

Sample Size = 20

图 8-157 SAS analyst 列联表观察者模式分析 Simple kappa 系数与置信区间结果

8. *方差分析*

该类别下可进行单因素方差分析、非参数单因素方差分析、方差因子分析（双因素方差分析）、线性模型方差分析等。

例 8-27：比较三个工厂轮班期间的臭氧水平，空气质量数据存为 Air 数据集。试对三个工厂轮班的臭氧水平进行单因素方差分析。

菜单依次选择 Statistics→ANOVA→One-Way ANOVA 进行单因素方差分析。

变量栏选择 o3，点击 Dependent 设置 o3 为因变量；变量栏选择 shift，点击 Independent 设置 shift 为自变量（图 8-158）。

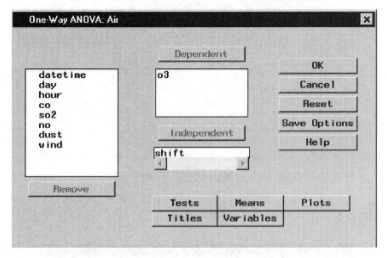

图 8-158　SAS analyst 单因素方差分析变量选择示意图

单击 Means 按钮。从 Comparisons 选项卡下 Comparison method 列表旁的箭头，选择 Tukey's HSD；点击 Main effects 下方框中的变量 shift，单击 Add 按钮；点击 Significance level：旁的箭头选择显著性水平，或直接输入值；点击 OK 按钮返回（图 8-159）。

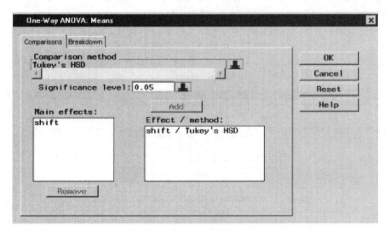

图 8-159　SAS analyst 单因素方差分析平均数比较方法、
主效应及显著性水平选择

单击 Plots 按钮。勾选 Box-&-whisker plot；点击 OK 按钮返回（图 8-160）。

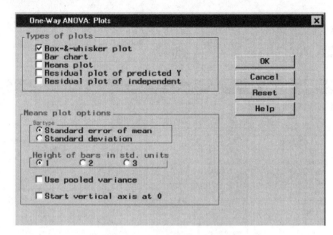

图 8-160　SAS analyst 单因素方差分析绘制箱线图选择示意图

点击 OK 按钮提交分析，返回结果（图 8-161）。

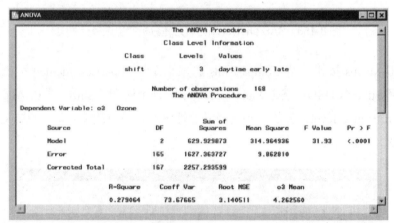

(a)方差分析表

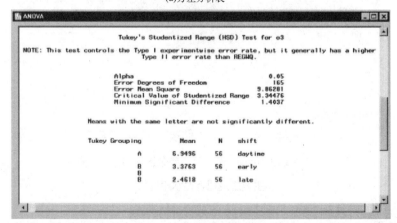

(b)平均数比较

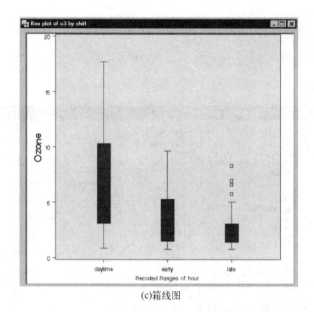

(c)箱线图

图 8-161　SAS analyst 单因素方差分析结果

在统计推断或假设检验中，传统检验也被称为参数检验，因为它们依赖于某种概率分布（如正态分布）的自由参数规范。参数检验依赖于分布假设，而非参数检验不需要分布假设（即使数据是正态分布），非参数检验方法通常和参数检验方法一样强大。

例 8-28：打开与例 8-27 相同的 Air 数据集，采用非参数单因素方差方法进行分析。注意比较与例 8-27 分析结果的差异。

菜单依次选择 Statistics→ANOVA→Nonparametric One-Way ANOVA 进行非参数单因素方差分析。变量栏选择 o3，点击 Dependent 设置 o3 为因变量；变量栏选择 shift，点击 Independent 设置 shift 为自变量（图 8-162）。

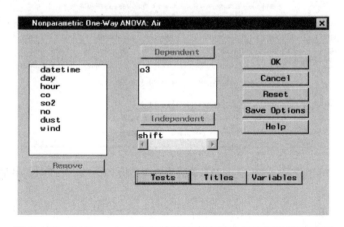

图 8-162　SAS analyst 非参数单因素方差分析变量选择示意图

单击 Tests 按钮。在 Location test scores 下勾选 Wilcoxon（Kruskal-Wallis test）；在 Dispersion test scores 下勾选 Ansari-Bradley；点击 OK 按钮返回（图 8-163）。

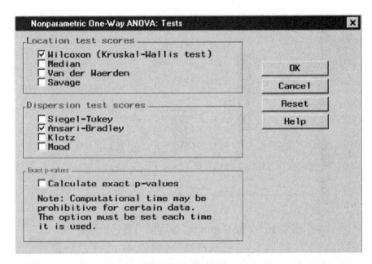

图 8-163　SAS analyst 非参数单因素方差分析 Kruskal-Wallis 与 Ansari-Bradley 检验选择示意图

点击“OK”按钮获得非参数单因素方差分析结果（图 8-164 和图 8-165）。

Kruskal-Wallis 测验中 40.75 的卡方检验统计量表明，不同班次的臭氧水平存在显著差异（p 值小于 0.0001）（图 8-164）。

Analysis

The NPAR1WAY Procedure

Wilcoxon Scores (Rank Sums) for Variable o3
Classified by Variable shift

shift	N	Sum of Scores	Expected Under H0	Std Dev Under H0	Mean Score
early	56	4108.50	4732.0	297.096421	73.366071
daytime	56	6595.00	4732.0	297.096421	117.767857
late	56	3492.50	4732.0	297.096421	62.366071

Average scores were used for ties.

Kruskal-Wallis Test

Chi-Square	40.7546
DF	2
Pr > Chi-Square	<.0001

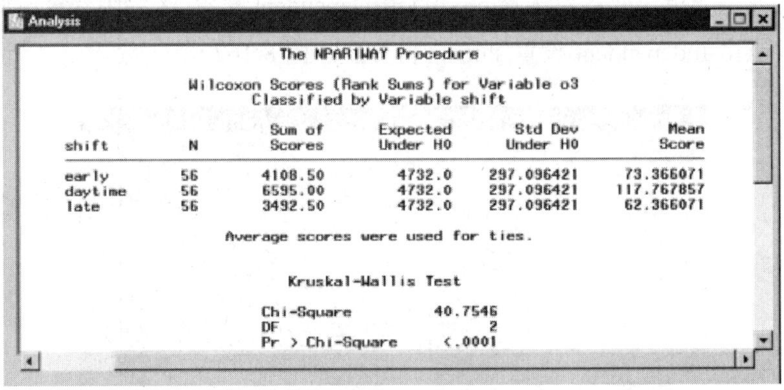

图 8-164　SAS analyst 非参数单因素方差分析 Kruskal-Wallis 检验结果

Ansari-Bradley 测验卡方检验统计量为 5.7952（自由度 2），α=0.05 水平上不存在差异（图 8-165）。

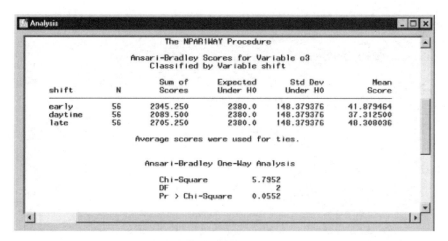

图 8-165　SAS analyst 非参数单因素方差分析 Ansari-Bradley 检验结果

例 8-29：进一步对 Air 数据集中的多个分类变量进行方差分析。

打开菜单依次选择 Statistics→ANOVA→Factorial ANOVA 进行，SAS analyst
称之为方差因子分析（Factorial Analysis of Variance），可对应前述章节的双因素方
差分析。在变量栏中选择 o3，点击 Dependent 设置 o3 为因变量；在变量栏选择
shift 和 day，点击 Independent 设置 shift 和 day 为自变量（图 8-166）。

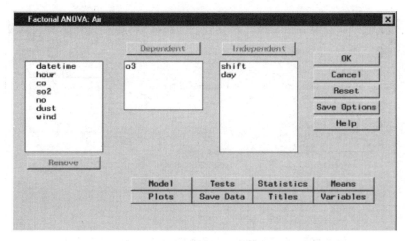

图 8-166　SAS analyst 双因素方差分析变量选择示意图

以上仅考虑主效应，如需考虑互作效应，可单击 Model 按钮，在 Independent
下分别点击选 shift 和 day；点击 Factorial 按钮即可添加分析 shift 和 day 的互作效
应；点击 OK 按钮返回（图 8-167）。

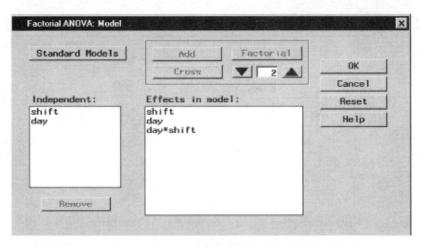

图 8-167　SAS analyst 双因素方差分析添加互作效应示意图

注意，可使用 Add、Cross 和 Factorial 按钮构建特定的模型，或者单击 Standard models 按钮并从下拉列表中选择模型。该例列表中，可以选择模型只包括主效应、双向交互的效应或三方交互的效应。

单击 Plots 按钮。在 Means 选项卡下勾选 Plot dependent means for two-way effects；点击 OK 按钮返回（图 8-168）。

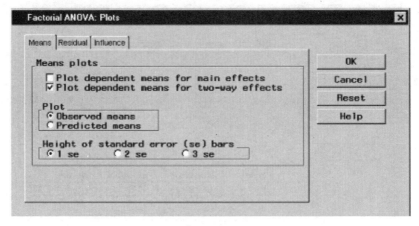

图 8-168　SAS analyst 双因素方差分析绘制交互效应图

点击 OK 按钮进行数据分析获得结果（图 8-169）。

在具有分类变量、定量变量或两者都具有的连续因变量时需执行线性模型方差分析。

例 8-30：对上述 Air 数据集中的分类变量和定量变量进行线性模型方差分析。

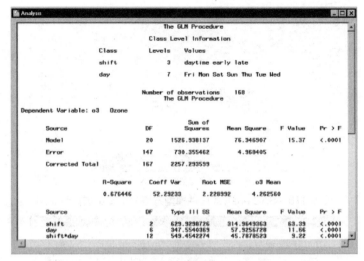

(a)方差分析表

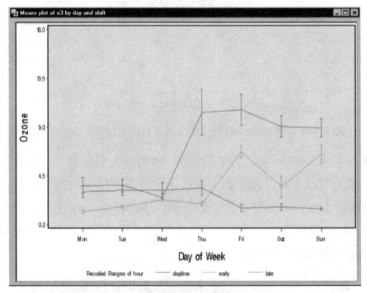

(b)平均数交互效应图

图 8-169 SAS analyst 双因素方差分析结果

菜单中依次选择 Statistics→ANOVA→Linear Models；在变量栏中选择 o3，点击 Dependent 设置为因变量；在变量栏选择 shift 和 day，点击 Class 按钮设置 shift 和 day 为分组变量；在变量栏选择 wind，点击 Quantitative 按钮设置 wind 为定量变量（图 8-170）。

如需分析互作效应，可单击 Model 按钮。在 Independent 下分别点击选择 shift 和 day；点击 Cross 按钮即可添加分析 shift 和 day 的互作效应；点击 OK 按钮返回（图 8-171）。

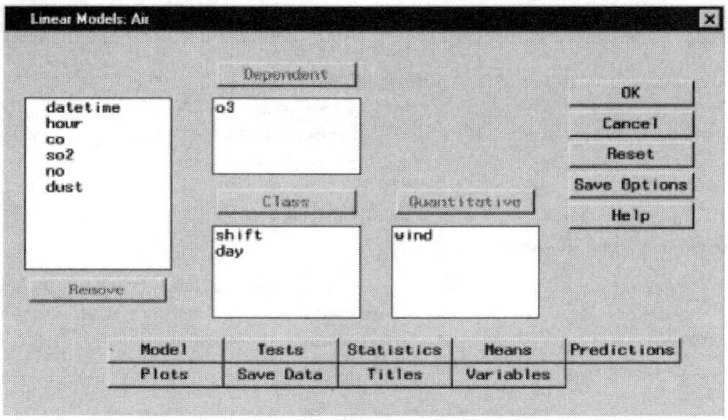

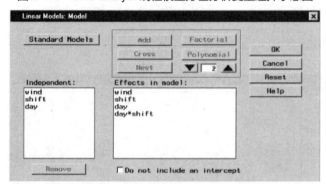

图 8-170 SAS analyst 线性模型方差分析变量选择示意图

图 8-171 SAS analyst 线性模型方差分析添加互作效应示意图

如需进行效力分析或功效分析（Power Analysis）以帮助确定在指定显著性水平下实验所需的样本量并评估该实验设计的统计效力，可点击 Tests 按钮，在弹出菜单的 Power Analysis 选项卡中勾选 Perform power analysis 并设置显著性水平。可在 Sample sizes 框中设定一个或多个特定的值，要求效力分析获得更多的样品容量；点击 OK 按钮返回（图 8-172）。

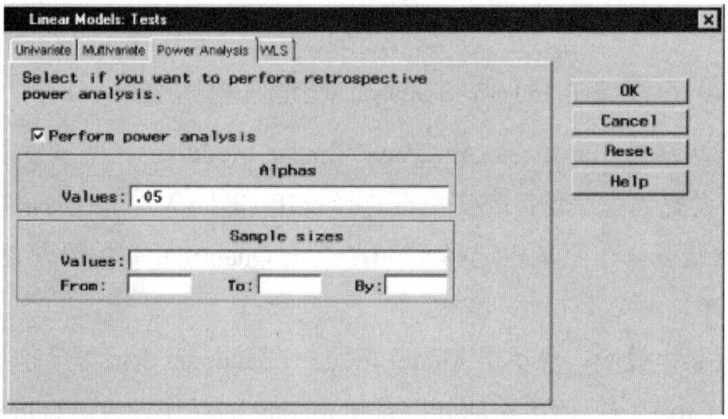

图 8-172 SAS analyst 线性模型方差分析添加效力分析示意图

点击 Plots 按钮，在弹出菜单的 Predicted 选项卡中勾选 Plot observed vs predicted；点击 OK 按钮返回（图 8-173）。

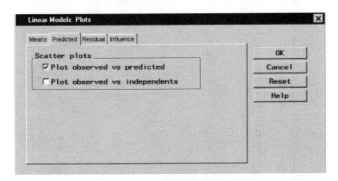

图 8-173　SAS analyst 线性模型方差分析绘制观测值与预测值散点图页面操作示意

点击 OK 按钮提交方差分析获得结果（图 8-174）。

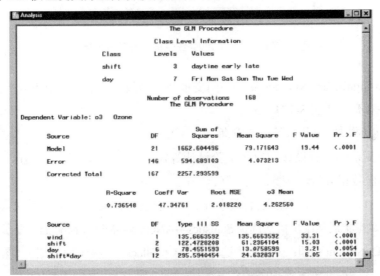

(a)方差分析表

(b)效力分析

图 8-174

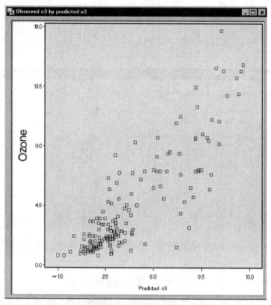

(c)观测值与预测值散点图

图 8-174　SAS analyst 线性模型方差分析结果

Least Significant Number 显示不同变量及互作效应在给定 α 值下效应显著所需要的最小观察数 [图 8-174（b）]。

9. 混合模型-裂区实验方差分析

对于复杂的实验设计如裂区试验设计等需要采用混合模型进行方差分析，首先介绍裂区数据分析。

例 8-31：对 A、B 双因素裂区设计、4 次重复（Block）的数据作方差分析。

打开数据集后从菜单依次选择 Statistics→ANOVA→Mixed Models；变量列表选择 Y，点击 Dependent 按钮；变量列表选择 A、B 和 Block，点击 Class 按钮（图 8-175）。

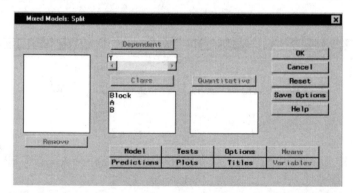

图 8-175　SAS analyst 混合模型-裂区实验方差分析变量选择示意图

点击 Model 按钮；务必勾选 Fixed effects；选择变量 A 和 B，点击 Factorial 按钮；勾选 Random effects 后再选择 Block 变量，点击 Add 按钮；选择 Block 和 A 变量，点击 Cross 按钮；点击 OK 按钮返回（图 8-176）。

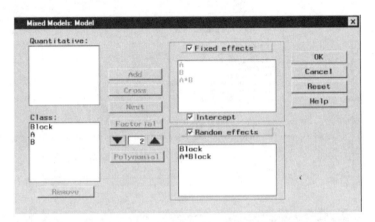

图 8-176　SAS analyst 混合模型-裂区方差分析模型选择示意图

如需返回广义最小二乘均值结果，可点击 Means 按钮；选择 Effects 下的变量 A*B，点击 LS Mean 按钮；点击 OK 按钮返回（图 8-177）。

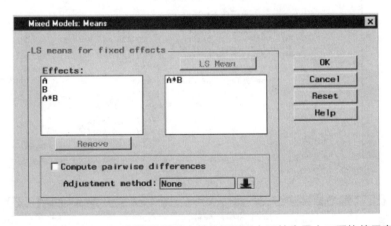

图 8-177　SAS analyst 混合模型-裂区方差分析返回交互效应最小二乘均值示意图

点击 OK 按钮获得分析结果（图 8-178）。

10. 混合模型–分类数据方差分析

如果观测数据在统计上是相关而不是独立的，也需要采用混合模型。

例 8-32：调查来自不同家庭个体的身高数据：测量 18 个人的身高，根据家庭和性别分类。试作方差分析。

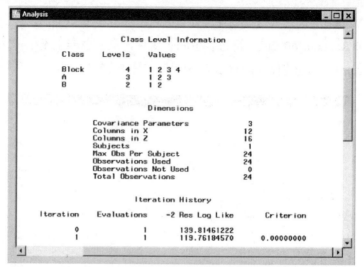

(a)简单统计信息

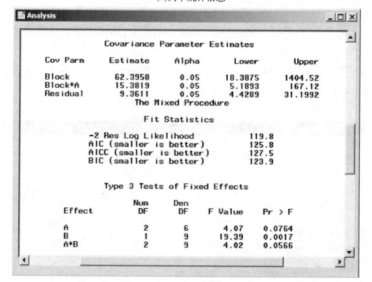

(b)方差分析表

(c)最小二乘表

图 8-178　SAS analyst 混合模型-裂区方差分析结果

由于应变量 Height 数据以家庭形式出现，来自同一家庭的观察很可能在统计上是相关的，而不是独立的。在这种情况下，使用标准线性模型分析数据是不合适的，要选择混合模型-分类数据方差分析。

打开数据集后依次从菜单选择 Statistics→ANOVA→Mixed Models；从变量列表中选择 Height，点击 Dependent 按钮；从变量列表中选择 Family 和 Gender，点击 Class 按钮；点击 Model 按钮打开 Model 对话框；确保勾选 Fixed effects；选择变量 Gender，点击 Add 按钮；勾选 Random effects 后再选择 Family 变量，点击 Add 按钮；选择 Family 和 Gender 变量，点击 Cross 按钮；点击 OK 按钮返回（图 8-179）。

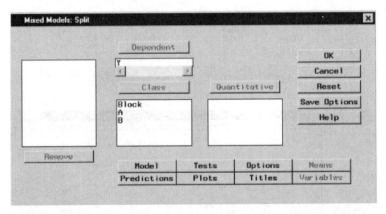

图 8-179　SAS analyst 混合模型-分类数据方差分析变量选择示意图

如需返回残差图，可点击 Plots 按钮打开 Plots 对话框；选择 Residual 选项卡；勾选 Residual plots（including random effects）下的 Plot residuals vs predicted；点击 OK 按钮返回（图 8-180）。

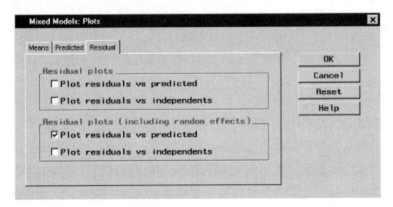

图 8-180　SAS analyst 混合模型-分类数据方差分析输出残差示意图

点击 OK 按钮获得分析结果（图 8-181）。

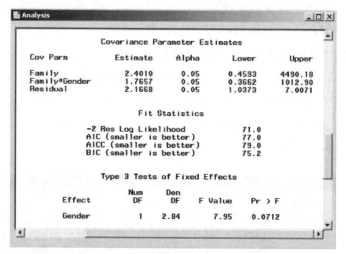

(a)方差分析表

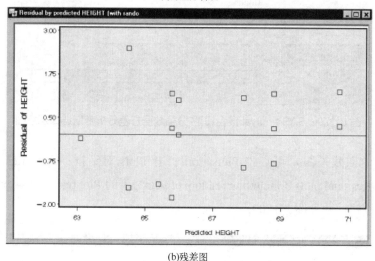

(b)残差图

图 8-181　SAS analyst 混合模型-分类数据方差分析结果

11. 重复测量方差分析

重复测量分析是对同一对象在不同时间或不同条件下测量的响应结果进行分析。纵向数据是一种常见的重复测量形式，如在一段时间内对单个受试者连续一个月每周测量一次血压、在临床试验中追踪一年多的计数、多年来的人均存款、植物病害接种病斑不同时间的发展长度等都是纵向数据的例子。重复测量也可以指在一个实验单位上的多次测量，如动物脊椎的厚度。

例 8-33：对每个观测对象不同时间节点进行测量的变量记为 s1~s7（图 8-182），试作方差分析。

Weightsmult (Browse)

	Subject	Program	s1	s2	s3	s4	s5	s6	s7
1	1	CONT	85	85	86	85	87	86	87
2	2	CONT	80	79	79	78	78	79	78
3	3	CONT	78	77	77	77	76	76	77
4	4	CONT	84	84	85	84	83	84	85
5	5	CONT	80	81	80	80	79	79	80
6	6	CONT	76	78	77	78	78	77	74
7	7	CONT	79	79	80	79	80	79	81
8	8	CONT	76	76	76	75	75	74	74
9	9	CONT	77	78	78	80	80	81	80
10	10	CONT	79	79	79	79	77	78	79
11	11	CONT	81	81	80	80	80	81	82
12	12	CONT	77	76	77	78	77	77	77
13	13	CONT	82	83	83	83	84	83	83
14	14	CONT	84	84	83	82	81	79	78
15	15	CONT	79	81	81	82	82	82	80
16	16	CONT	79	79	78	77	77	78	78

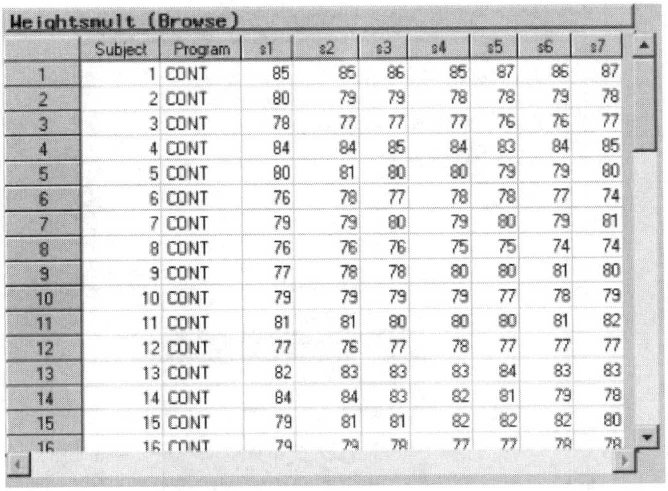

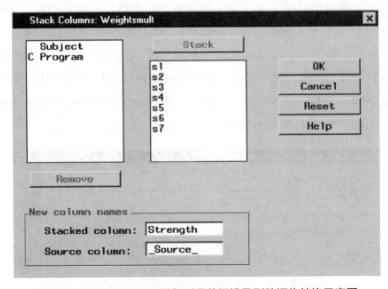

图 8-182　SAS analyst 重复测量数据集

为了使 SAS analyst 能顺利进行重复测量分析，数据必须是单变量形式，如果数据不是单变量形式，则必须使用此结构创建一个新的数据表。依次从菜单选择 Data→Stack Columns；选择变量 s1~s7，点击 Stack 按钮；在 Stacked column：后输入 Strength；点击 OK 按钮产生新的数据集（图 8-183）。

图 8-183　SAS analyst 重复测量数据堆叠列数据集转换示意图

在 project 运行结果中选择 Weightsmult with Stacked Columns，在右键弹出菜单选择 Open 打开（图 8-184）。

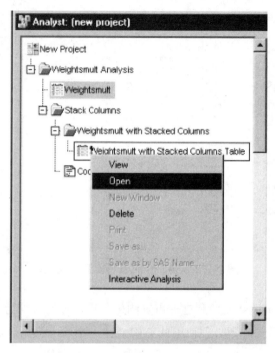

图 8-184　打开 SAS analyst 重复测量数据转换的堆叠列数据集

堆叠列数据集包含两个新变量。Strength 变量包含强度测量，_source_变量表示具有七个不同字符值的测量次数：s1、s2、s3、s4、s5、s6 和 s7。但重复测量分析还需要数字表示的时间变量。在菜单中依次选择 Edit→Mode→Edit；选择 Data→Transform→Recode Values；在 Column to recode 后点击下三角图标选择 _Source_；New column name：后的空白处输入 Time；在 New column type 后点击选择 Numeric；点击 OK 按钮（图 8-185）。

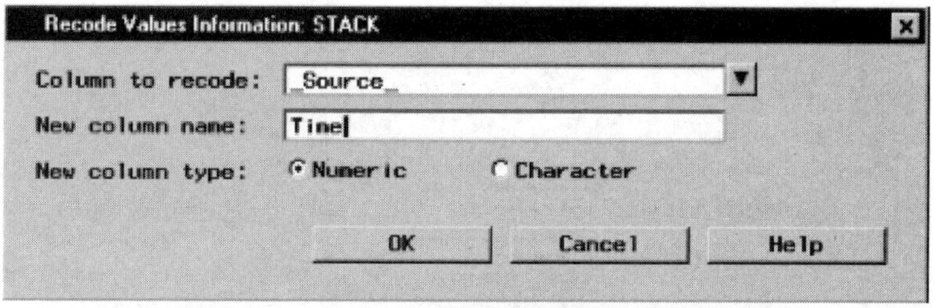

图 8-185　在堆叠列数据集中新增加时间变量

依次在 original values 栏 s1~s7 后对应的 New Value（Numeric）栏下的单元格依次输入 1、2、3、4、5、6、7，点击 OK 按钮即可创建新的名为 Time 的数值变量（图 8-186）。

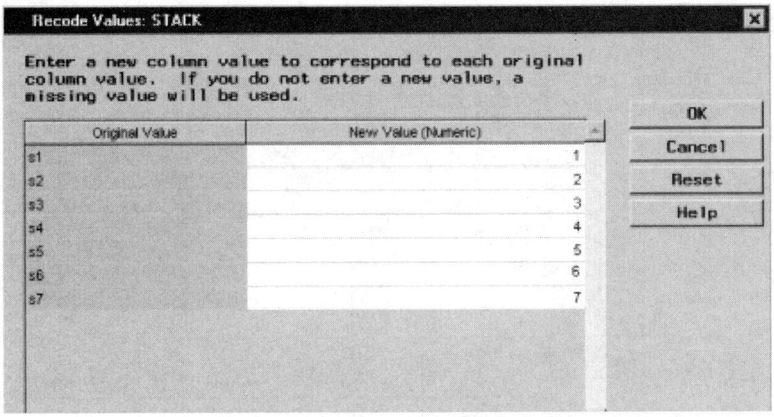

图 8-186　在堆叠列数据集中给新增的时间变量赋值

可以将其原有的数据删除获得以下新的数据集。点击 File→Save As By SAS Name 将新数据集命名为 Weightsuni 保存即可进行后续数据分析（图 8-187）。

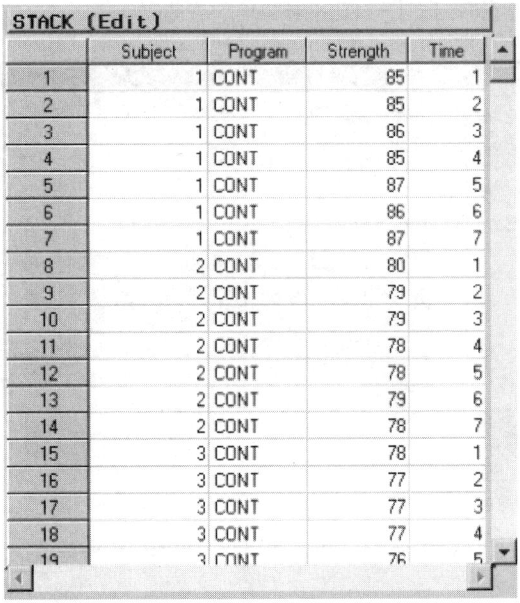
STACK (Edit)

	Subject	Program	Strength	Time
1	1	CONT	85	1
2	1	CONT	85	2
3	1	CONT	86	3
4	1	CONT	85	4
5	1	CONT	87	5
6	1	CONT	86	6
7	1	CONT	87	7
8	2	CONT	80	1
9	2	CONT	79	2
10	2	CONT	79	3
11	2	CONT	78	4
12	2	CONT	78	5
13	2	CONT	79	6
14	2	CONT	78	7
15	3	CONT	78	1
16	3	CONT	77	2
17	3	CONT	77	3
18	3	CONT	77	4
19	3	CONT	76	5

图 8-187　SAS analyst 重复测量数据经转换补充时间变量后的待分析堆叠列数据集

在菜单中依次选择 Statistics→ANOVA→Repeated Measures；在变量列表中选择 Strength，点击 Dependent 按钮；在变量列表中选择 Subject、Program 和 Time，点击 Class 按钮（图 8-188）。

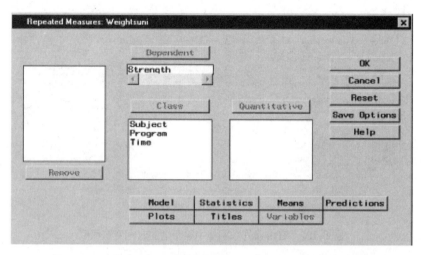

图 8-188　SAS analyst 重复测量数据方差分析变量选择示意图

点击 Model 按钮；在 Subjects 选项卡选择变量 Subject，点击 Add 按钮；选择 Program 变量，点击 Nest 按钮（图 8-189）。

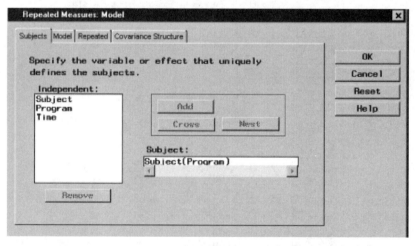

图 8-189　SAS analyst 重复测量数据方差分析模型选择示意图

选择 Model 选项卡；选择 Program 和 Time 变量，点击 Factorial 按钮，Effects in model：下出现 Program 和 Time 变量及其互作效应（图 8-190）。

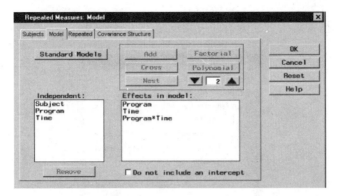

图 8-190 SAS analyst 重复测量数据方差分析模型变量及互作选择示意图

点击 Repeated 选项卡；选择 Time 变量，点击 Add 按钮（图 8-191）。

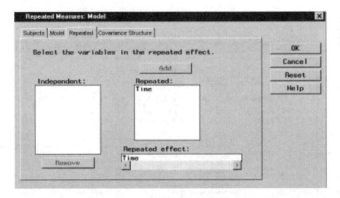

图 8-191 SAS analyst 重复测量数据方差分析模型

点击 Covariance Structure 选项卡；勾选 Compound symmetry；点击 OK 按钮返回（图 8-192）。

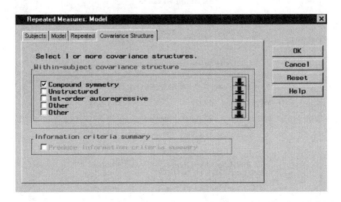

图 8-192 SAS analyst 重复测量数据方差分析模型协方差复合对称结构选择示意图

点击 OK 按钮进行数据分析即可浏览结果（图 8-193）。

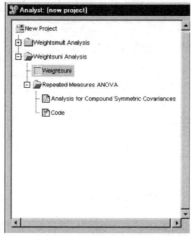

(a)导航栏

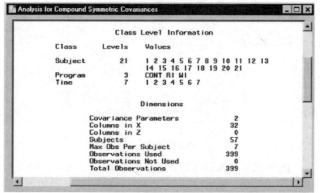

(b)简单统计信息

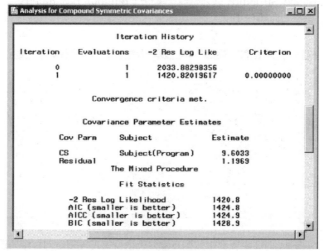

(c)参数估计

Analysis for Compound Symmetric Covariances

Type 3 Tests of Fixed Effects

Effect	Num DF	Den DF	F Value	Pr > F
Program	2	54	3.07	0.0548
Time	6	324	7.43	<.0001
Program*Time	12	324	2.99	0.0005

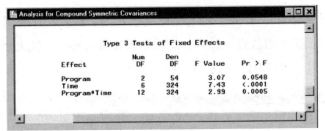

(d)方差分析表

图 8-193　SAS analyst 重复测量数据方差分析结果

为了建立一个附加的具有一阶自回归协方差结构的重复测量模型，可以从菜单依次选择 Statistics→ANOVA→Repeated Measures；其他所有设置与上述都相同，仅在点击 Model 按钮后的 Covariance Structure 选项卡下额外勾选 1st-order autoregressive 和 Provide information criteria summary；点击 OK 按钮返回（图 8-194）。

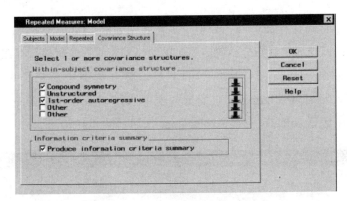

图 8-194　SAS analyst 重复测量数据方差分析模型协方差复合对称结构及自回归结构选择示意图

点击 OK 按钮进行数据分析获得新的结果（图 8-195 和图 8-196）。

分析结果略有不同（图 8-195）。

Analysis for First Order Autoregressive Covariances

Type 3 Tests of Fixed Effects

Effect	Num DF	Den DF	F Value	Pr > F
Program	2	57.1	3.11	0.0524
Time	6	321	4.30	0.0003
Program*Time	12	321	1.17	0.3008

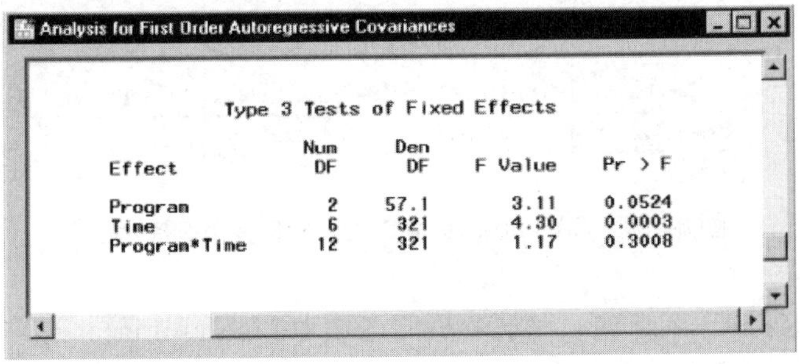

图 8-195　SAS analyst 重复测量数据方差分析添加自回归结构后的方差分析结果

　　自回归模型对 AIC 和 SBC 都有较低的值（图 8-196），这表明与复合对称结构模型相比有相当大的改进。综合信息标准以及短时间相关性大于长时间相关性的直观经验，第一阶自回归模型更适合。

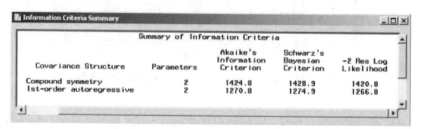

图 8-196　SAS analyst 重复测量数据方差分析模型协方差复合
对称结构及自回归结构结果比较

12. 回归分析

SAS analyst 可进行简单回归分析、多元回归分析、Logistic 回归分析。

　　例 8-34：试作简单回归分析确定房子的价格和其面积之间是否存在线性关系。

　　面积是量化的自变量，房价是因变量。打开数据集后在菜单中依次选择 Statistics→Regression→Simple；在变量列表中选择 price，点击 Dependent 按钮；在变量列表中选择 sqfeet，点击 Explanatory 按钮（图 8-197）。

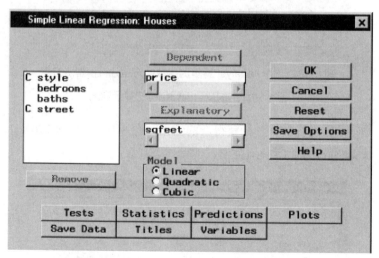

图 8-197　SAS analyst 简单回归分析变量选择示意图

　　Model 下方的三个选项，默认分析的选项为 Linear。Linear 选项对应的模型即为简单回归模型：

price=b_0+b_1 sqfeet

Quadratic 选项对应的模型为:

price=b_0+b_1 sqfeet+b_2 sqfeet^2

Cubic 选项对应的模型为:

price=b_0+b_1 sqfeet+b_2 sqfeet^2+b_3 sqfeet^3

要绘制价格预测曲线,可点击 Plots 按钮,在 Predicted 选项卡下勾选 Plot observed vs independent;点击 OK 按钮返回(图 8-198)。

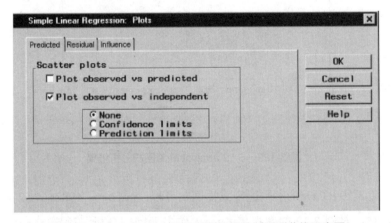

图 8-198　SAS analyst 简单回归分析绘制预测曲线示意图

点击 OK 按钮提交回归分析获得结果(图 8-199)。

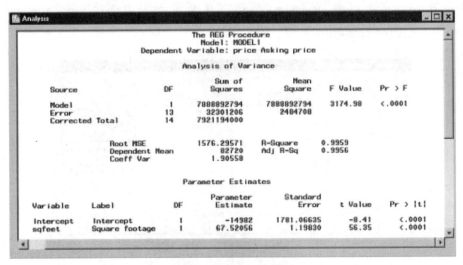

(a)回归模型检验与参数估计

图 8-199

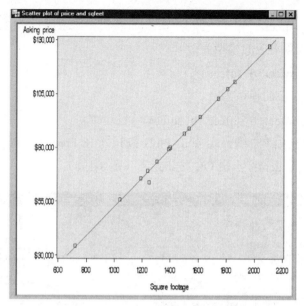

(b)价格预测曲线

图 8-199　SAS analyst 简单回归分析结果

可按图 8-199（a）的参数建立线性回归方程：price $=-14982+67.52\times$ sqfeet。

例 8-35：对例 8-12 的数据集 Fitness 作多元回归分析，确定 oxygen 和 age、runtime 和 runpulse 之间是否存在线性关系。

打开数据集后在菜单中依次选择 Statistics→Regression→Linear；在变量列表中选择 oxygen，点击 Dependent 按钮；在变量列表选择 age、runtime 和 runpulse，点击 Explanatory 按钮（图 8-200）。

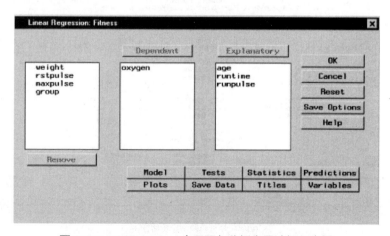

图 8-200　SAS analyst 多元回归分析变量选择示意图

如需计算置信度极限，可点击 Statistics 按钮，Statistics 选项卡下勾选 Confidence limits for estimates（图 8-201）。

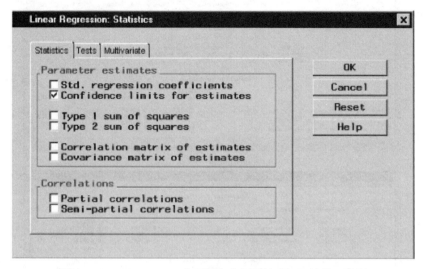

图 8-201　SAS analyst 多元回归分析置信度极限计算示意图

点击 Tests 选项卡，勾选 Collinearity analysis 可进行共线性分析；点击 OK 按钮返回（图 8-202）。

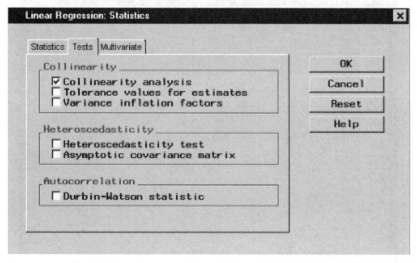

图 8-202　SAS analyst 多元回归进行共线性分析选择示意图

点击 OK 按钮提交回归分析获得结果（图 8-203）。

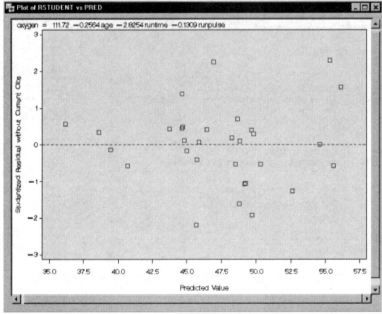

```
                              The REG Procedure
                                Model: MODEL1
                 Dependent Variable: oxygen Oxygen consumption

                             Analysis of Variance

                                  Sum of         Mean
      Source              DF      Squares       Square    F Value    Pr > F

      Model                3    690.55086     230.18362     38.64    <.0001
      Error               27    160.83069       5.95669
      Corrected Total     30    851.38154


                  Root MSE              2.44063    R-Square    0.8111
                  Dependent Mean       47.37581    Adj R-Sq    0.7901
                  Coeff Var             5.15165


                           Parameter Estimates

                                      Parameter    Standard
 Variable   Label               DF     Estimate       Error   t Value   Pr > |t|

 Intercept  Intercept            1    111.71806    10.23509     10.92    <.0001
 age        Age in years         1     -0.25640     0.09623     -2.66    0.0129
 runtime    Min. to run 1.5 miles 1    -2.82538     0.35828     -7.89    <.0001
 runpulse   Heart rate while running 1 -0.13091     0.05059     -2.59    0.0154
```

(a)回归模型检验与参数估计

```
                           Parameter Estimates

 Variable   Label               DF       95% Confidence Limits

 Intercept  Intercept            1       90.71740    132.71873
 age        Age in years         1       -0.45384     -0.05895
 runtime    Min. to run 1.5 miles 1      -3.56051     -2.09025
 runpulse   Heart rate while running 1   -0.23471     -0.02711


                        Collinearity Diagnostics

                     Condition  ---------------Proportion of Variation---------------
 Number  Eigenvalue    Index    Intercept        age       runtime      runpulse

    1     3.97790     1.00000   0.00011565   0.00056585   0.0008236B   0.00016363
    2     0.01183    18.33958   0.00296      0.38305      0.49678      0.00697
    3     0.00919    20.80033   0.03198      0.19423      0.4244B      0.09749
    4     0.00108    60.60078   0.96495      0.42215      0.07792      0.89538
```

(b)共线性诊断

oxygen = 111.72 −0.2564 age −2.8254 runtime −0.1309 runpulse

(c)残差图

图 8-203 　SAS analyst 多元回归分析结果

可依图 8-203（a）建立线性回归方程：oxygen=111.718−0.256×age−2.825×runtime−0.131×runpulse。

例 8-36：利用 Logistic 回归分析方法建立因变量 ca 与自变量 ecg 和 sex 的回归关系。

打开数据集后在菜单中依次选择 Statistics→Regression→Logistic；在变量列表中选择 ca，点击 Dependent 按钮；在变量列表中选择 sex 和 ecg，点击 Class 按钮；在变量列表中选择 age，点击 Quantitative 按钮；点击 Model Pr{ }下的向下箭头选择 yes，确定模型所基于的因变量的值（图 8-204）。

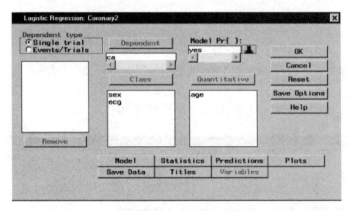

图 8-204　SAS analyst Logistic 回归分析变量选择示意图

如需对主效应及其互作进行前向选择分析，可点击 Model 按钮；Model 选项卡中 Explanatory 下鼠标选择 age、sex 和 ecg 变量，再点击 Factorial 按钮即可同时分析 age、sex 和 ecg 主效应及两两间的互作效应（图 8-205）；再点击 Selection 选项卡，选择 Forward selection。

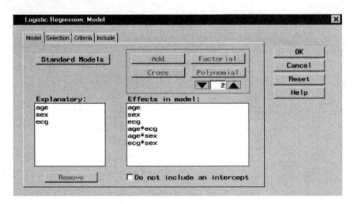

图 8-205　SAS analyst Logistic 回归分析主效应及互作选择示意图

点击 Include 选项卡，指定在每个模型中均需包含 age、sex 和 ecg 变量；点击 OK 按钮返回（图 8-206）。

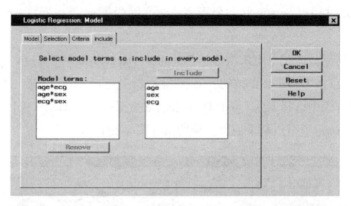

图 8-206　SAS analyst Logistic 回归分析 Include 选项卡选择示意图

点击 OK 按钮提交回归分析获得结果（图 8-207）。

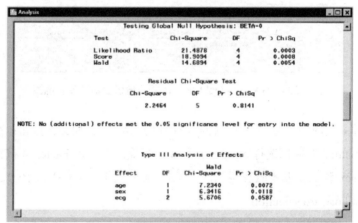

(a)回归模型与主效应检验

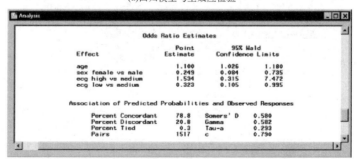

(b)OR值（比值比）估计

图 8-207　SAS analyst Logistic

13. 主成分分析

例 8-37：试用主成分分析不同国家居民摄入蛋白质的主要食物来源 RedMt、WhiteMt、Eggs、Milk、Fish、Cereal、Starch、Nuts 和 FruVeg 等。

打开需降维分析的数据集后从菜单依次选择 Statistics→Multivariate→Principal Components；从变量栏中选择需降维分析的变量（RedMt、WhiteMt、Eggs、Milk、Fish、Cereal、Starch、Nuts 和 FruVeg 等）；点击 Variables 按钮（图 8-208）。

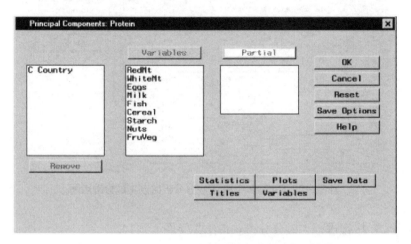

图 8-208　SAS analyst 主成分分析变量选择示意图

要绘制各主成分的特征值图及散点图等，可点击 Plots 按钮；在 Scree Plot 选项卡下勾选 Create scree plot 并选择 Positive eigenvalues（图 8-209）。

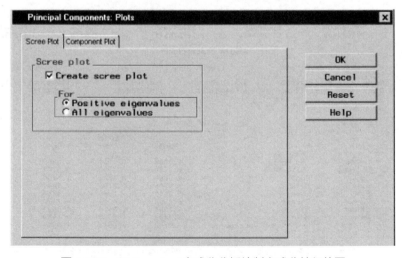

图 8-209　SAS analyst 主成分分析绘制主成分特征值图

在 Component Plot 选项卡下 Biplots 项勾选 Create component plots；在标记为 Type 后点击向下箭头，选择 Enhanced；在 Id variable 项下的变量列表中选择 Country，随后点击 Id 按钮将 Country 选为 Id 变量；点击 OK 按钮返回（图 8-210）。

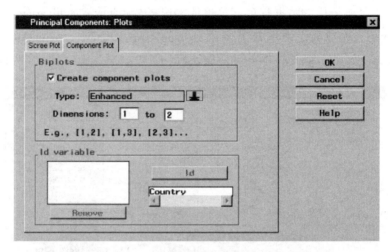

图 8-210　SAS analyst 主成分分析绘制主成分散点图

点击 OK 按钮进行主成分分析获得结果（图 8-211）。

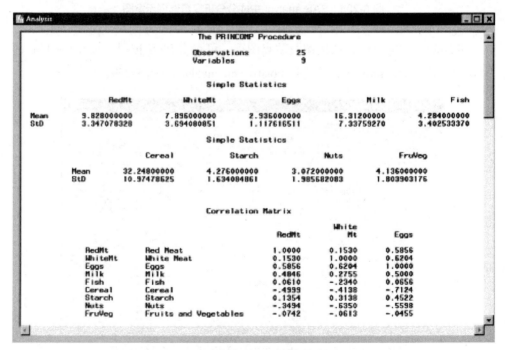

(a)简单统计与相关系数矩阵

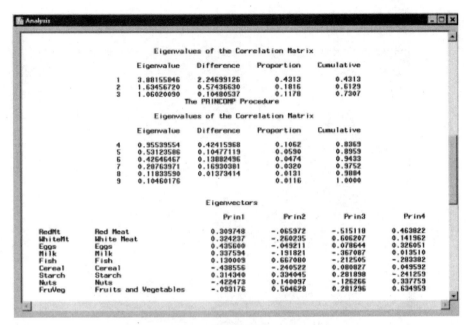

(b)特征根值

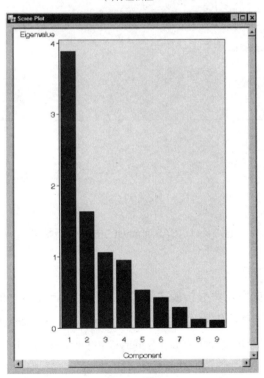

(c)主成分特征值图

图 8-211

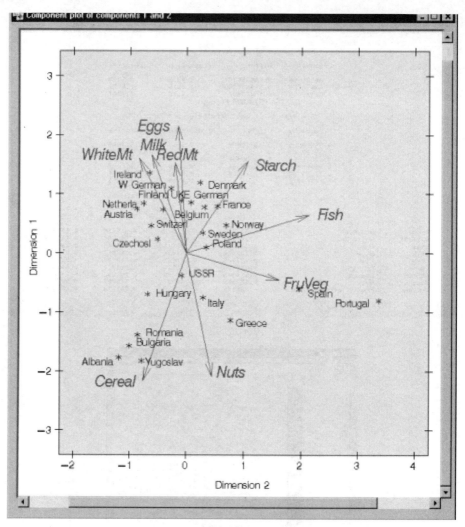

(d)主成分散点图

图 8-211　SAS analyst 主成分分析结果

14. 典型相关分析

例 8-38：利用典型相关分析确定工作特征和员工满意度之间的对应程度。

打开数据集后从菜单依次选择 Statistics→Multivariate→Canonical Correlation；从变量栏中选择工作满意度变量 Career、Supervis 和 Finance，点击 Set 1 按钮；从变量栏中选择工作特征变量 Variety、Feedback 和 Autonomy，点击 Set 2 按钮（图 8-212）。

如需指定标签和前缀以识别两组计算典型相关变量，可点击 Statistics 按钮，在弹出菜单中分别设置好 Set 1 和 Set 2 的标签和前缀；点击 OK 按钮返回（图 8-213）。

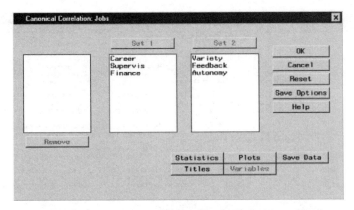

图 8-212　SAS analyst 典型相关分析变量选择示意图

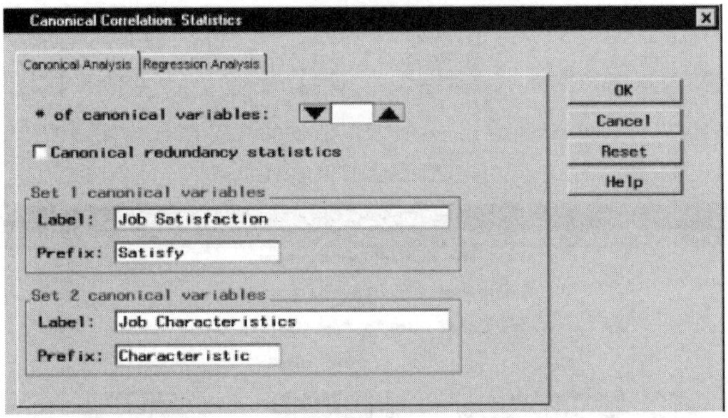

图 8-213　SAS analyst 典型相关分析标签和前缀设置示意图

要绘制两组变量的线性关系图，可点击 Plots 按钮；在弹出菜单中勾选 Create canonical variable plots；点击 OK 按钮返回（图 8-214）。

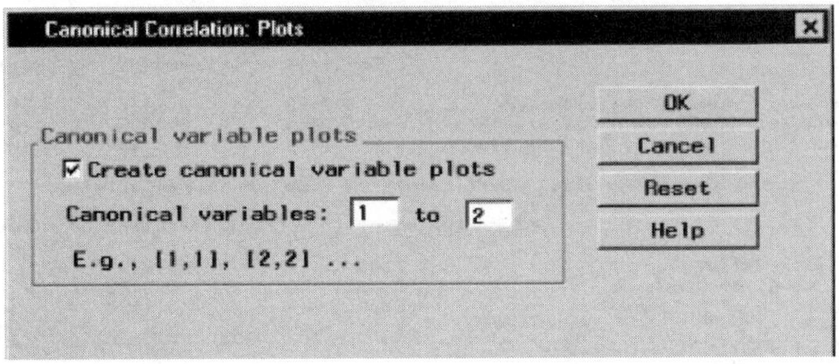

图 8-214　SAS analyst 典型相关分析绘制两组变量线性关系示意图

点击 OK 按钮进行典型相关分析获得结果（图 8-215）。

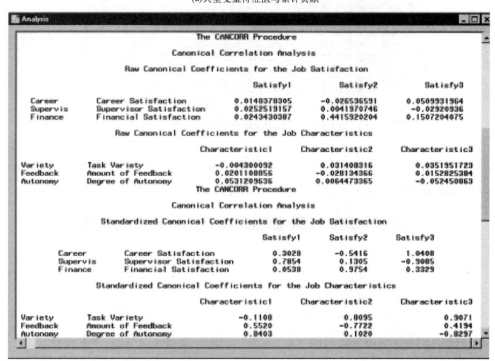

```
The CANCORR Procedure

Canonical Correlation Analysis

                                    Adjusted      Approximate         Squared
                       Canonical    Canonical      Standard          Canonical
                      Correlation  Correlation       Error          Correlation

              1         0.919412     0.898444       0.042901          0.845318
              2         0.418649     0.276633       0.228740          0.175267
              3         0.113366         .          0.273786          0.012852

                                              Test of H0: The canonical correlations in
         Eigenvalues of Inv(E)*H              the current row and all that follow are zero
           = CanRsq/(1-CanRsq)
                                              Likelihood  Approximate
   Eigenvalue Difference Proportion Cumulative   Ratio    F Value  Num DF  Den DF  Pr > F

1    5.4649    5.2524     0.9604     0.9604   0.12593148    2.93      9     19.621  0.0223
2    0.2125    0.1995     0.0373     0.9977   0.81413359    0.49      4        18   0.7450
3    0.0130               0.0023     1.0000   0.98714819    0.13      1        10   0.7257


                    Multivariate Statistics and F Approximations

                         S=3    M=-0.5    N=3

Statistic                        Value     F Value   Num DF    Den DF    Pr > F

Wilks' Lambda                 0.12593148    2.93        9       19.621    0.0223
Pillai's Trace                1.03343732    1.75        9         30      0.1204
Hotelling-Lawley Trace        5.69042615    4.76        9       9.8113    0.0119
Roy's Greatest Root           5.46489324   18.22        3         10      0.0002
```

(a)典型变量特征值与累计贡献

```
The CANCORR Procedure

Canonical Correlation Analysis

Raw Canonical Coefficients for the Job Satisfaction

                                        Satisfy1          Satisfy2          Satisfy3

Career   Career Satisfaction          0.0148378305     -0.026536591      0.0509931964
Supervis Supervisor Satisfaction      0.0252519157      0.0041970746     -0.02920936
Finance  Financial Satisfaction       0.0243430387      0.4415920204      0.1507204075

Raw Canonical Coefficients for the Job Characteristics

                                        Characteristic1   Characteristic2   Characteristic3

Variety  Task Variety                 -0.004300092       0.031408316       0.0351951723
Feedback Amount of Feedback           0.0201108856      -0.028134366       0.0152825384
Autonomy Degree of Autonomy           0.0531209636       0.0064473365      -0.052450863
                         The CANCORR Procedure

Canonical Correlation Analysis

Standardized Canonical Coefficients for the Job Satisfaction

                                        Satisfy1          Satisfy2          Satisfy3

Career    Career Satisfaction           0.3028           -0.5416            1.0408
Supervis  Supervisor Satisfaction       0.7854            0.1305           -0.9085
Finance   Financial Satisfaction        0.0538            0.9754            0.3329

Standardized Canonical Coefficients for the Job Characteristics

                                        Characteristic1   Characteristic2   Characteristic3

Variety   Task Variety                 -0.1108            0.8095            0.9071
Feedback  Amount of Feedback            0.5520           -0.7722            0.4194
Autonomy  Degree of Autonomy            0.8403            0.1020           -0.8297
```

(b)原始变量及标准化变量的典型相关换算系数

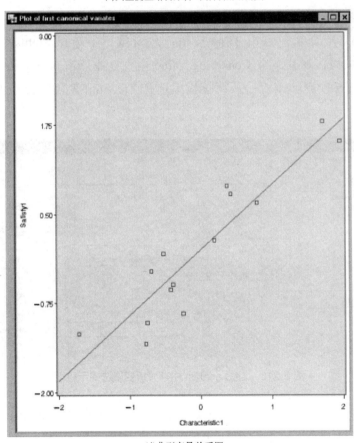

(c)典型变量结构分析（结构相关系数）

(d)典型变量关系图

图 8-215　SAS analyst 典型相关分析结果

15. 生存分析

生存分析在医学领域比较常用，也可以拓展到其他专业领域，如工业领域评估组件可靠性（寿命）、工作持续时间等。植物研究领域则涉及较少，在此也对操作过程做简单介绍。

例8-39：小型随机试验调查大鼠生存时间：40只老鼠暴露在一种致癌物中，随后分到两个治疗组。分析由致癌物引起的癌症死亡以及两种治疗之间的生存时间是否不同。数据集 Exposed 包含四个变量：Days、Status、Treatment 和 Gender。Days 变量包含从随机分组到死亡的存活时间（以天为单位）；Status 变量值为 0 表示经过审查的观察结果，为 1 表示未经审查的观察结果；Treatmnt 变量值为 1 表示大鼠接受第一种治疗，为 2 表示大鼠接受第二种治疗；Gender 变量值为 F 代表大鼠为雌性，M 代表大鼠为雄性。

打开数据集后从菜单依次选择 Statistics→Survival→Life Tables；从变量栏中选择 Days 变量，点击 Time 按钮；从变量栏中选择 Status 变量，点击 Censoring 按钮，在其下方 Censoring value 输入 0 或点击向下箭头选择 0。也可在该区域直接删除该值；从变量栏中选择 Treatmnt 变量，点击 Strata 按钮（图 8-216）。

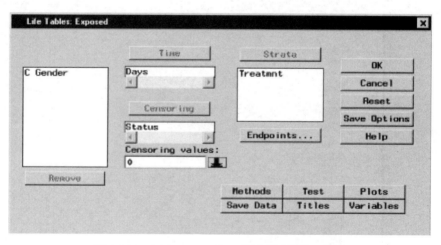

图 8-216　SAS analyst 生存分析变量选择示意图

如需绘制幸存者函数图，可点击 Plots 按钮；在弹出菜单中勾选 Survival function；点击 OK 按钮返回（图 8-217）。

点击 OK 按钮进行生存分析获得结果（图 8-218）。

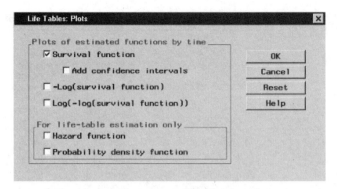

图 8-217 SAS analyst 生存分析绘制幸存者函数图示意图

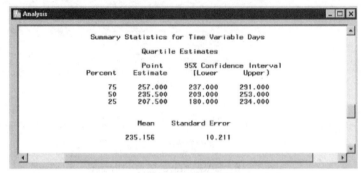

(a)时间变量的简单统计

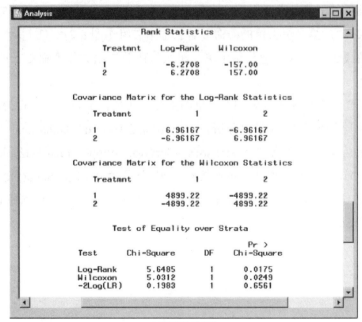

(b)同质性秩检验

图 8-218

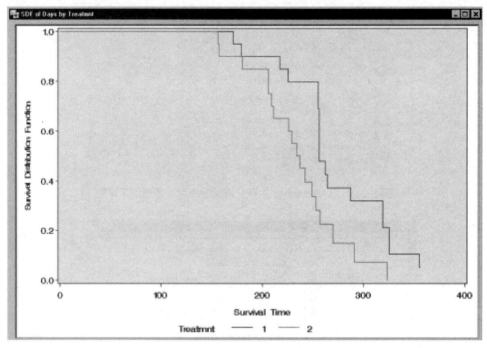

(c)生存曲线

图 8-218　SAS analyst 生存分析结果

同质性秩检验[1]表明两组间存在显著差异（log-rank 检验 p=0.0175, Wilcoxon 检验 p=0.0249），第一组大鼠的寿命显著长于第二组［图 8-218（b）］。

生存曲线进一步直观地显示了第一组大鼠比第二组大鼠寿命更长的结论［图 8-218（c）］。

如需研究两组暴露于致癌物下老鼠的生存曲线是否不同，可做 COX 回归模型分析（又称比例风险回归模型分析，Proportional Hazards model analysis）。打开 Rats 数据集后从菜单依次选择 Statistics→Survival→Proportional Hazards；从变量栏中选择 Days 变量，点击 Time 按钮；从变量栏中选择 Status 变量，点击 Censoring 按钮，在其下方 Censoring value 输入 0 或点击向下箭头选择 0；从变量栏中选择 Group 变量，点击 Explanatory 按钮（图 8-219）。

---

[1] 同质性秩检验：对数秩检验是比较两条或更多条生存曲线是否有差异的最常用方法。

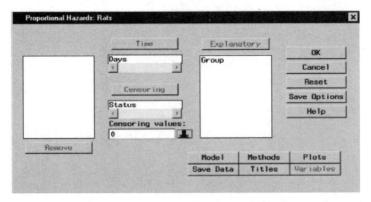

图 8-219　SAS analyst Proportional Hazards 生存分析变量选择示意图

点击 OK 按钮进行生存分析获得结果（图 8-220）。

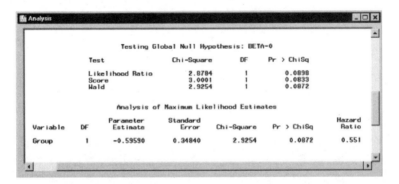

图 8-220　SAS analyst Proportional Hazards 生存分析结果

由于 Group 只取两个值，所以两组之间无差异的原假设与 Group 的回归系数为 0 的原假设相同。对零假设：BETA=0 的所有三个检验 p 值结果均表明，两个预处理组可能不相同。在该模型中，Group 的危害比（或风险比）定义为 Group 的回归系数的幂，即两组之间的危害函数之比。Hazard Ratio 值为 0.551，这意味着第 1 组的危险函数小于第 0 组的危险函数。即 1 组大鼠的寿命比 0 组长（图 8-220）。

思　考　题

将第一章至第七章例题和思考题尝试用 SAS insight 和 SAS analyst 两个模块相应的方法进行窗口化分析。